普通高等教育“十二五”规划教材

工程图学习题集

第3版

主　编　高金莲
副主编　刘淑英　刘宇红
参　编　段　萍　张润利
主　审　苑彩云　张顺心

机械工业出版社

本习题集与高金莲主编的《工程图学》（第3版）配套使用。主要内容包括点、直线、平面、直线与平面、平面与平面的相对位置、投影变换、曲线与曲面、平面与曲面立体的投影、平面与立体相交、直线与立体表面相交、两曲面立体表面相交、复合相贯、字体练习、制图的基本知识、组合体、轴测投影、图样画法、标准件及常用件、零件图、装配图、立体的表面展开及焊接图等。

图书在版编目（CIP）数据

工程图学习题集 / 高金莲主编. —3版. —北京：机械工业出版社，2011.8（2022.7重印）

普通高等教育“十二五”规划教材

ISBN 978-7-111-35601-1

Ⅰ. ①工… Ⅱ. ①高… Ⅲ. ①工程制图-高等学校-习题集 Ⅳ. ①TB23-44

中国版本图书馆CIP数据核字（2011）第160362号

机械工业出版社（北京市百万庄大街22号 邮政编码100037）

策划编辑：舒 恬 责任编辑：舒 恬 王勇哲 刘小慧

版式设计：霍永明 责任校对：卢惠英

封面设计：张 静 责任印制：李 昂

北京捷迅佳彩印刷有限公司印刷

2022年7月第3版·第7次印刷

370mm×260mm·11.5印张·265千字

标准书号：ISBN 978-7-111-35601-1

定价：29.80元

电话服务

客服电话：010-88361066

010-88379833

010-68326294

网络服务

机 工 官 网：www. cmpbook. com

机 工 官 博：weibo. com/cmp1952

金 书 网：www. golden-book. com

机工教育服务网：www. cmpedu. com

封底无防伪标均为盗版

第 3 版前言

本习题集为适应工程图学课程教学改革的需要，根据教育部工程图学教学指导委员会最新制定的“普通高等院校工程图学课程教学基本要求”，总结近几年的教学改革实践经验，在参考其他习题集的基础上编写而成。

本习题集与高金莲主编的《工程图学　第 3 版》一书配套，可供机械类、近机类专业学生使用，也可供参加成人教育、自学考试的有关读者及工程技术人员参考。

本习题集由高金莲任主编，刘淑英、刘宇红任副主编。具体分工为：刘淑英编写点、直线、平面、直线与平面、平面与平面的相对位置、立体的表面展开、焊接图。刘宇红编写投影变换、平面与曲面立体的投影。段萍编写曲线与曲面、轴测投影。张润利编写制图的基本知识、标准件及常用件。高金莲编写组合体、图样画法、零件图、装配图。

本习题集采用了最新国家标准。

苑彩云、张顺心教授审阅了本习题集，并提出了宝贵意见，在此表示感谢！

由于水平有限，习题集中错误在所难免，望广大读者指正！

编　者

第 2 版前言

本习题集为适应工程图学课程教学改革的需要，根据教育部工程图学教学指导委员会 2004 年制定的“普通高等院校工程图学课程教学基本要求”，总结近几年的教学改革实践经验，在参考其他习题集的基础上编写而成。

本习题集与高金莲主编的《工程图学　第 2 版》一书配套，可供机械类、近机类专业学生使用，也可供参加成人教育、自学考试的有关读者及工程技术人员参考。

本习题集由高金莲任主编，张建军、刘淑英任副主编。具体编写分工为：刘淑英编写点、直线、平面、直线与平面、平面与平面的相对位置、零件图，张建军编写曲线曲面、立体的投影、装配图，段萍编写投影变换、轴测图，丁承君编写制图的基本知识，高金莲编写组合体、机体的表达方法、零件图，张瑞红编写标准件和常用件、零件图，刘宇红编写立体的表面展开、焊接图。

本习题集采用了最新国家标准。

张顺心、苑彩云教授审阅了本习题集，并提出了宝贵意见，在此表示感谢！

由于水平有限，习题集中错误在所难免，望广大读者指正！

编　者

2005 年 9 月

第 1 版前言

本习题集为适应工程图学课程教学改革的需要，根据教育部（原国家教委）1996 年审定印发的高等工业院校“画法几何及工程制图课程教学基本要求”，总结近几年的教学改革实践经验，在已编写的《机械制图及计算机绘图习题集》的基础上改编而成的。它是几十年来历代教师教学成果的结晶，原有的亮点及特色在这次编写中均予以保留，同时增加了新的内容，并汲取了兄弟院校的经验。

本习题集与苑彩云主编的《工程图学》一书配套使用，可供机械类、近机类专业学生使用，也可供参加成人教育、自学考试的有关专业师生及工程技术人员参考。

本习题集由关玉明任主编，苑彩云、孙少辰任副主编。具体分工为：关玉明（点，直线，平面，直线与平面、平面与平面的相对位置，零件图，立体表面的展开），孙少辰（投影变换、制图的基本知识、机件的表达方法），张建军（曲线曲面、组合体），苑彩云（立体的投影、轴测投影），丁承君（标准件及常用件），杨洁（装配图）。

本习题集涉及到的标准，均采用了最新国家标准。

本习题集经刘文润、张振歧教授审阅，并提出了宝贵意见，在此表示感谢！

由于水平有限，习题集中难免出错，望广大读者给予指正。

编　者
2002 年 1 月

目　　录

1. 按立体图作出各点的投影图。

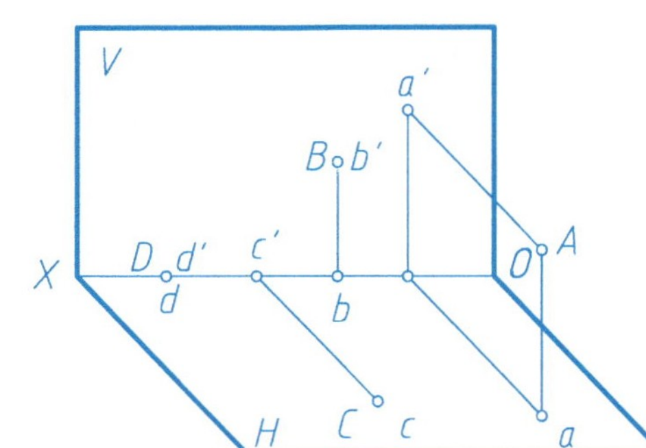

X　　O

2. 已知点A位于V面之前20mm，点B属于V面，点C属于H面，点D位于H面上方20mm。作出各点的另一面投影，并画出各点的立体图。

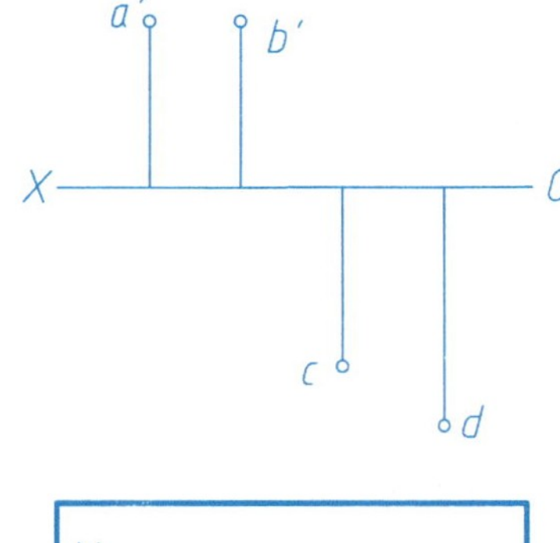

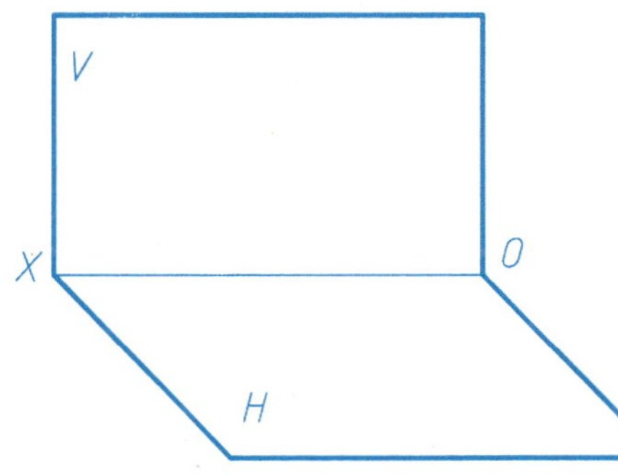

3. 说明各点的空间位置。

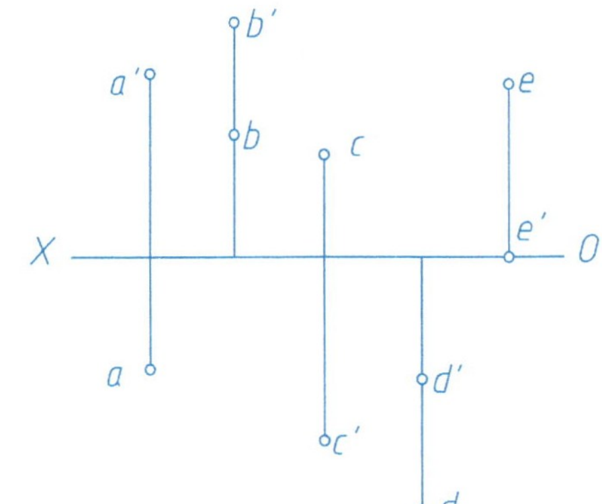

A位于 ________ 分角

B位于 ________ 分角

C位于 ________ 分角

D位于 ________ 分角

E位于 ________ 面上

4. 已知点A，点B与点A对称于H面，点C与点A对称于V面，点D与点A对称于X轴。求作各点的投影图，并指明它们的空间位置。

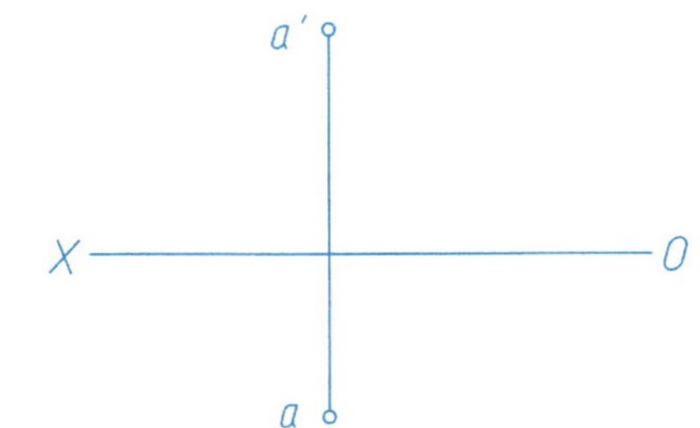

A 位于 ________ 分角

B 位于 ________ 分角

C 位于 ________ 分角

D 位于 ________ 分角

5. 按立体图作点A、B、C的三面投影图。

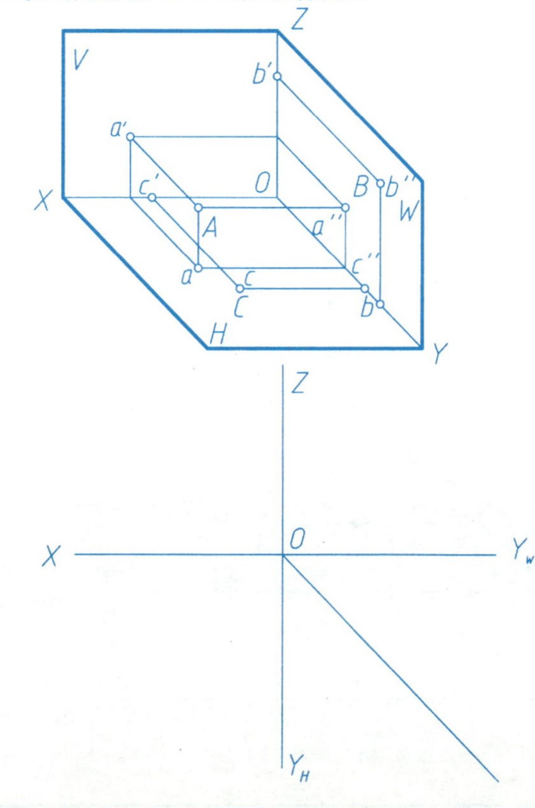

6. 已知点A(35,30,25)、点B(25,20,0)、点C(0,25,15)，作各点的三面投影图。

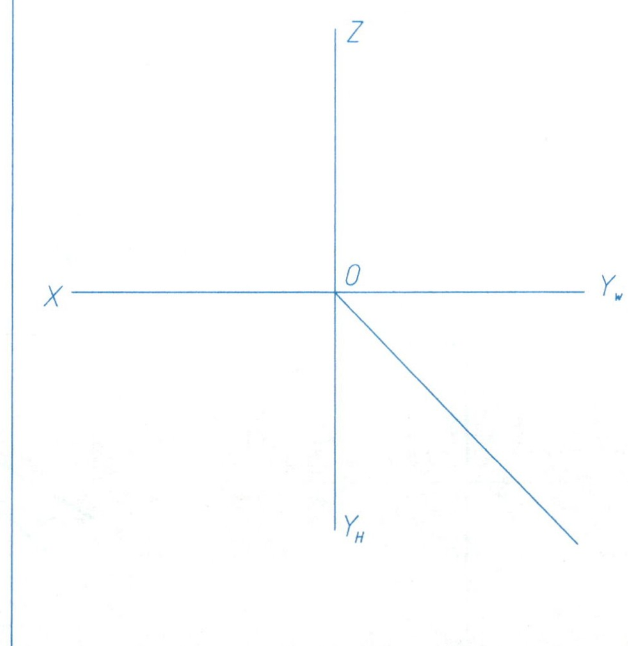

7. 求点D、E、F的第三面投影，并画出立体图。

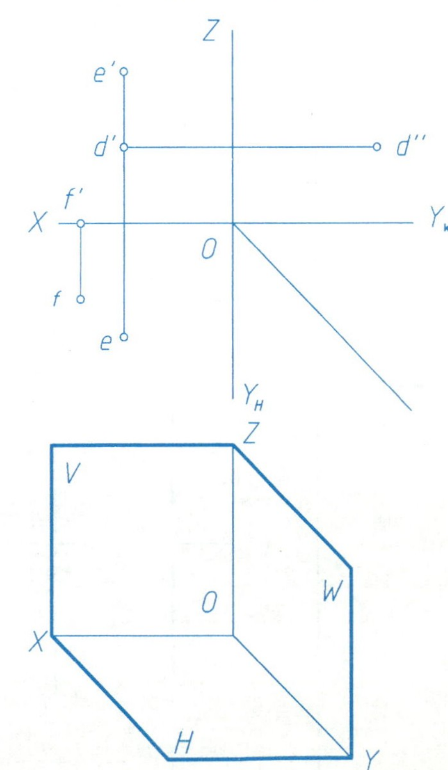

8. 已知点A的两面投影，点B距点A 15mm，点C与点A为对V面的重影点。补全各点的三面投影，并表明可见性。

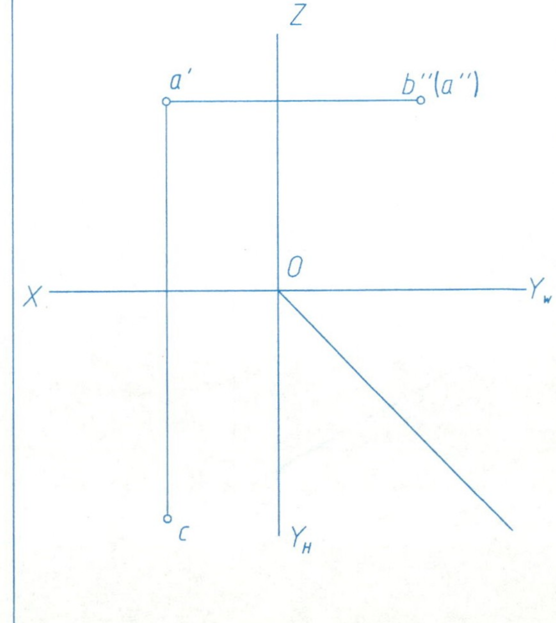

1. 判别直线对投影面的相对位置，并求作第三面投影。

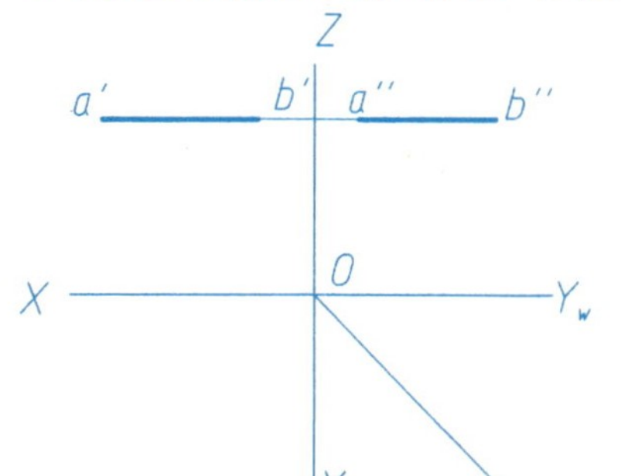

AB是____线

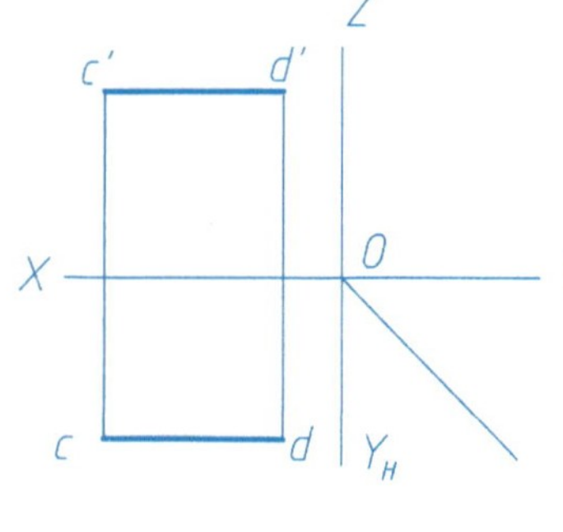

CD是____线

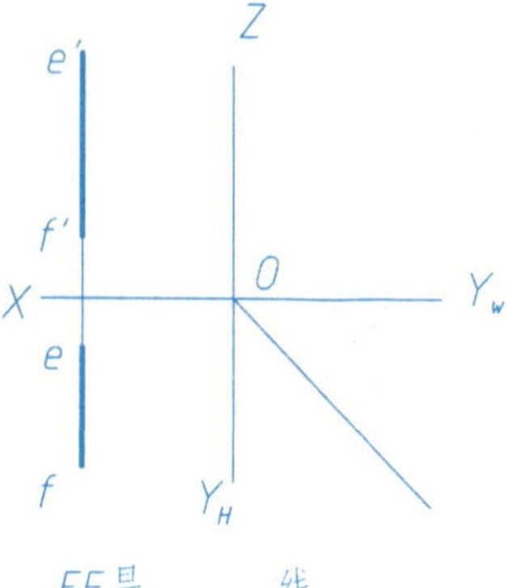
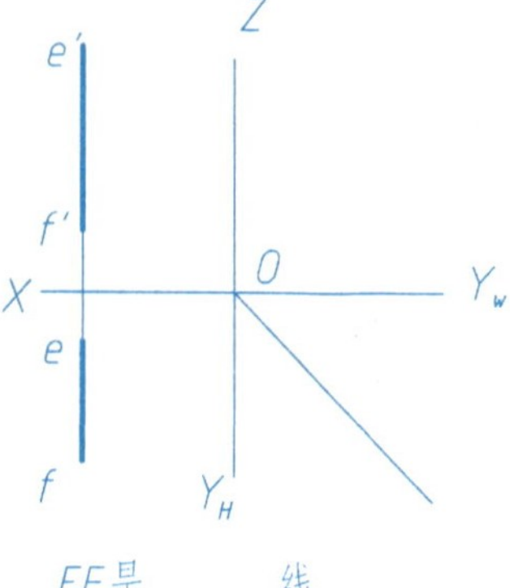

EF是____线

GH是____线

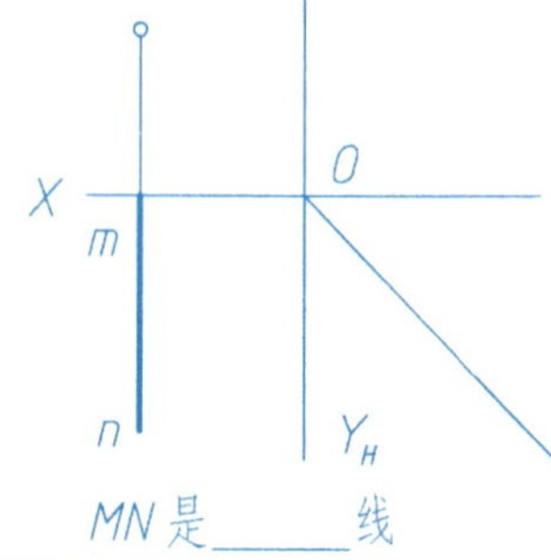

KL是____线

MN是____线

2. 过点作直线的三面投影（只作一个解）。

(1) 正平线AB，$\alpha=30°$，长20mm。

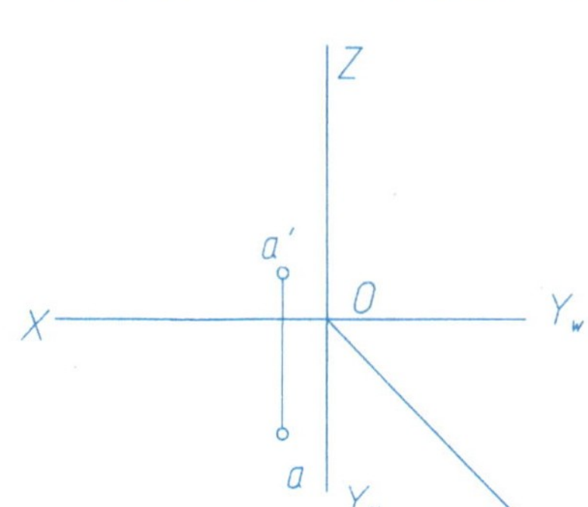

(2) 侧平线CD，$\alpha=\beta$，长20mm。

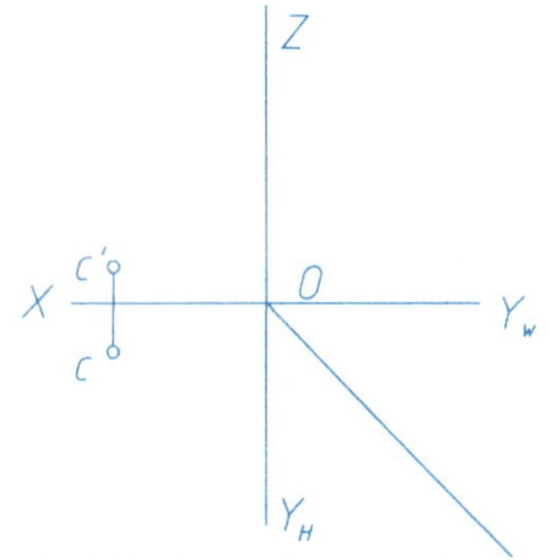
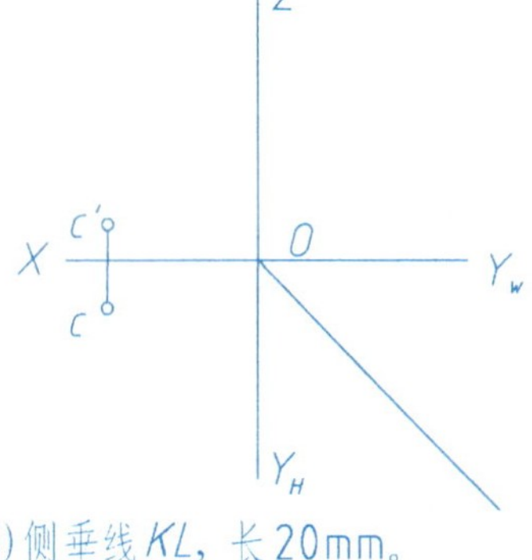
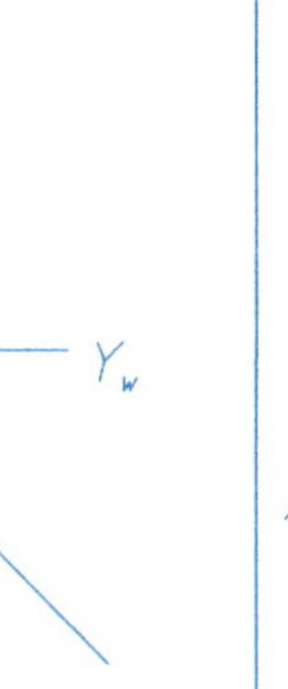

(3) 水平线EF，$\beta=30°$，长20mm。

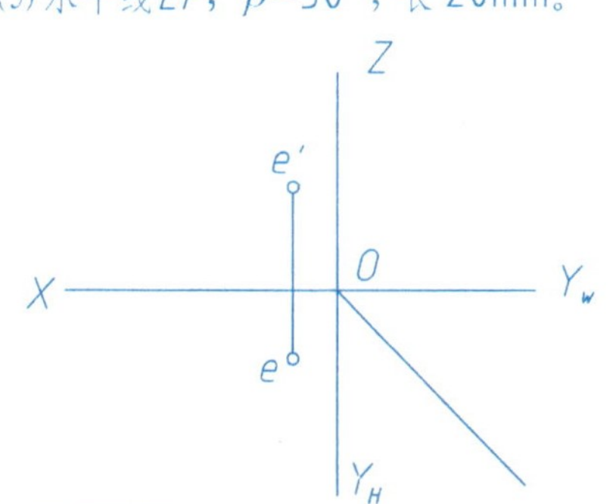

(4) 侧垂线KL，长20mm。

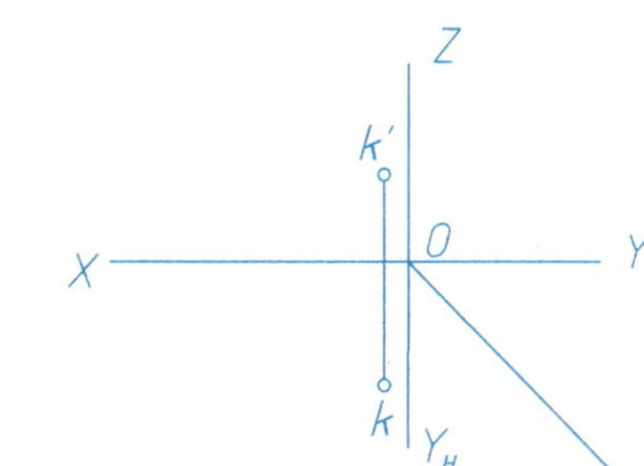

3. 判断三棱锥各棱线对投影面的相对位置。

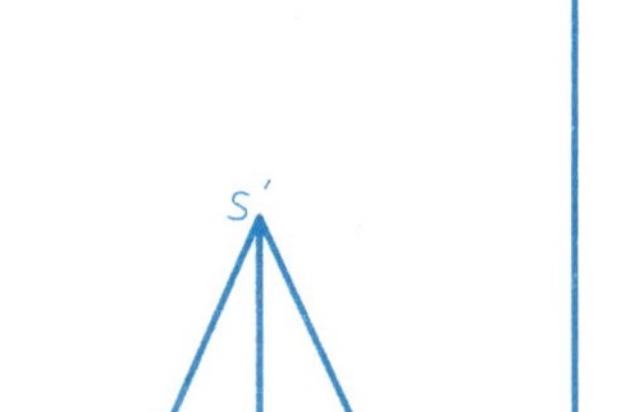
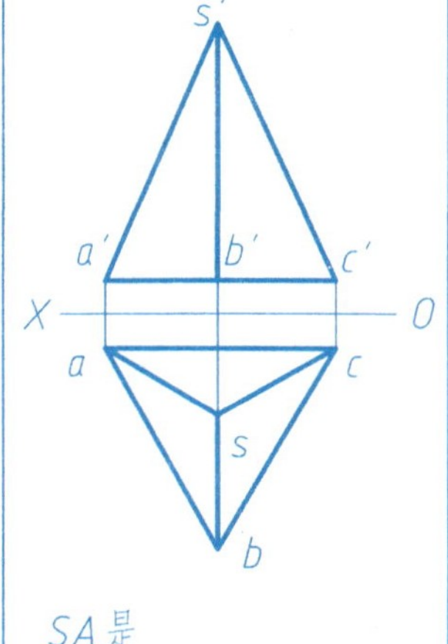

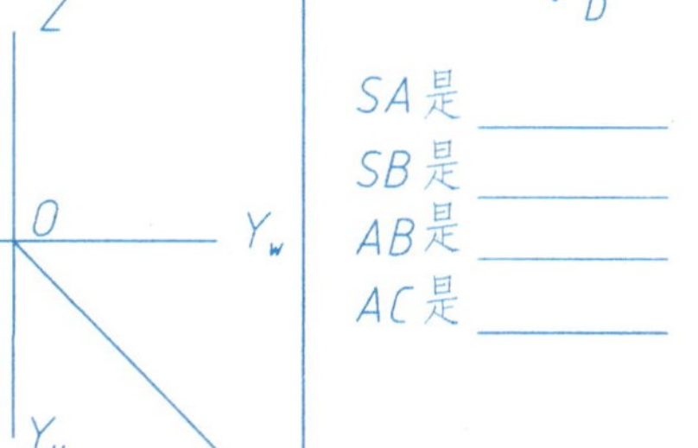

SA是______

SB是______

AB是______

AC是______

4. 在直线AB上取点K，使AK：KB=1：2。

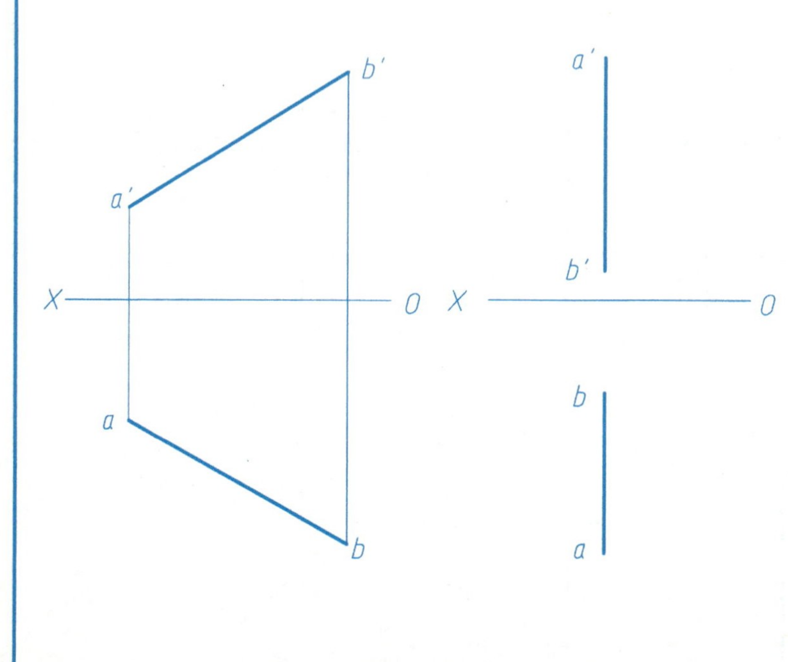

5. 判断两直线的相对位置。

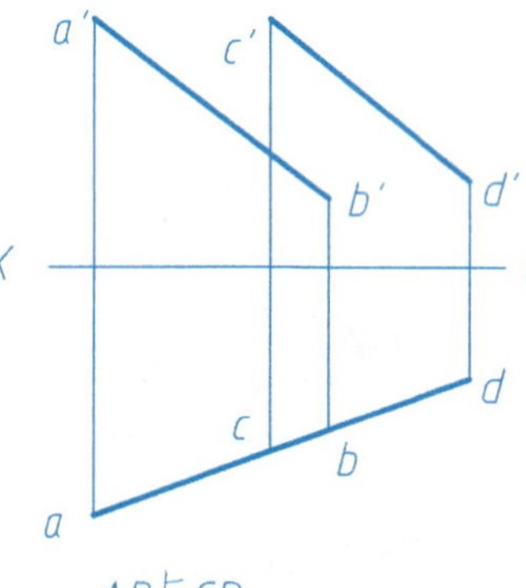

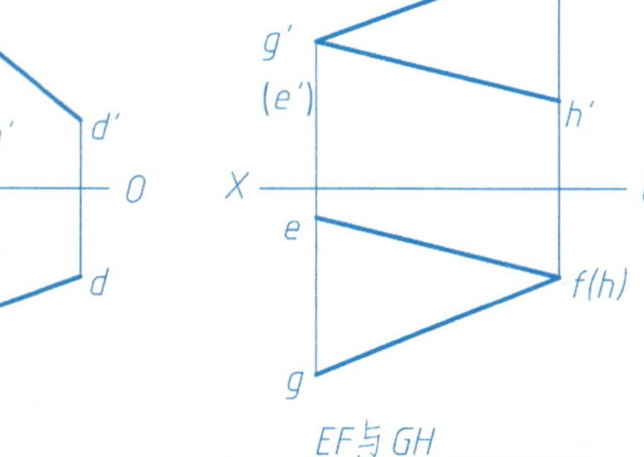

AB与CD ______

EF与GH ______

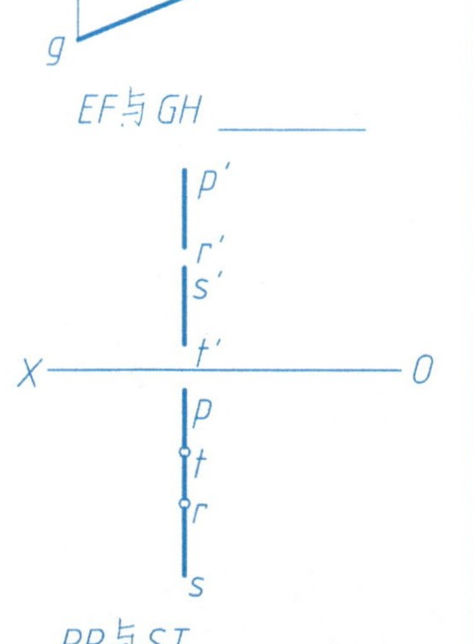

KL与MN ______

PR与ST ______

6. 作直线AB、CD对V面的重影点E、F和对W面的重影点M、N的三面投影，并表明其可见性。

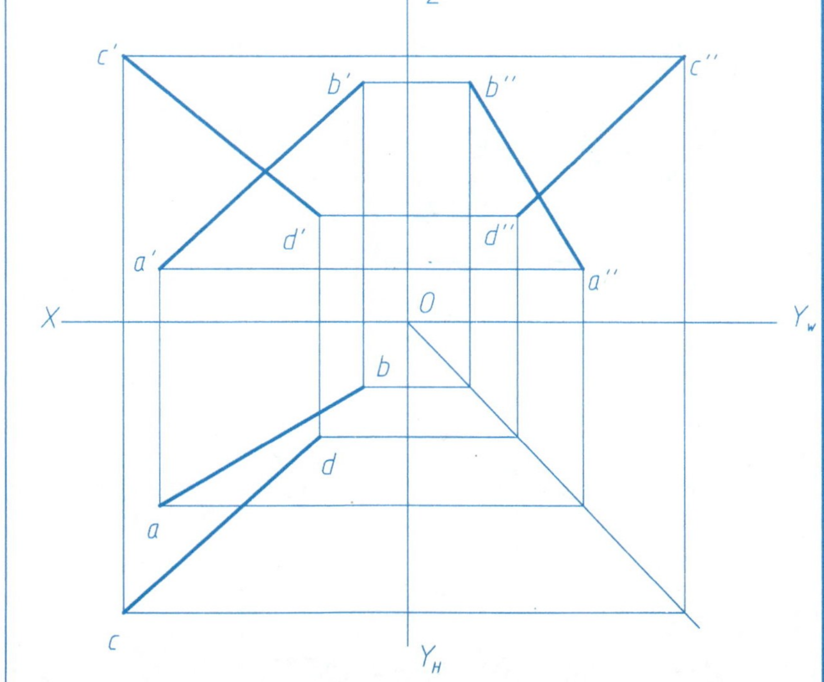

7. 作正平线CD与AB相交，且距V面15mm。

(1)

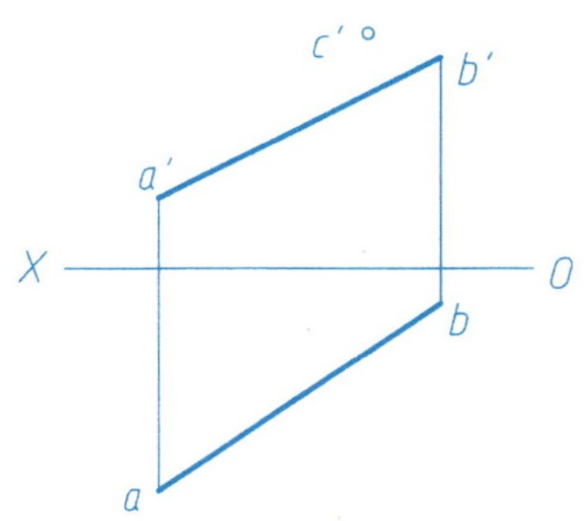

(2)

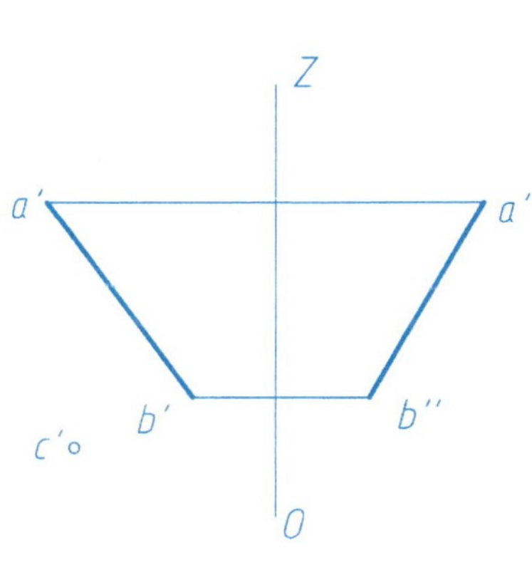

8. 在直线CD上取点A，使AC的实长为20mm。试作出a、a'。

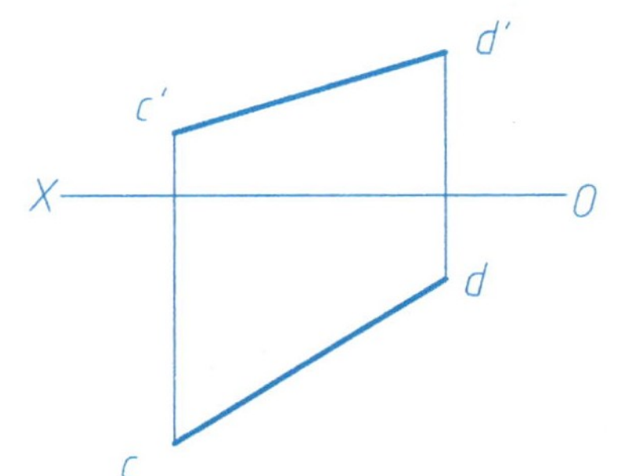

9. 过点K作直线与AB正交。

(1)

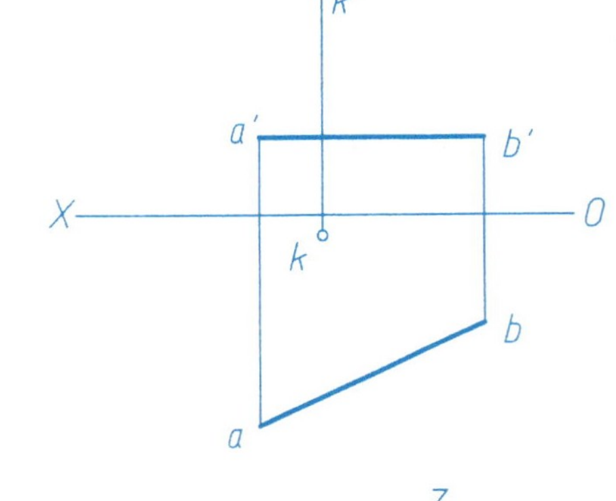

(2)

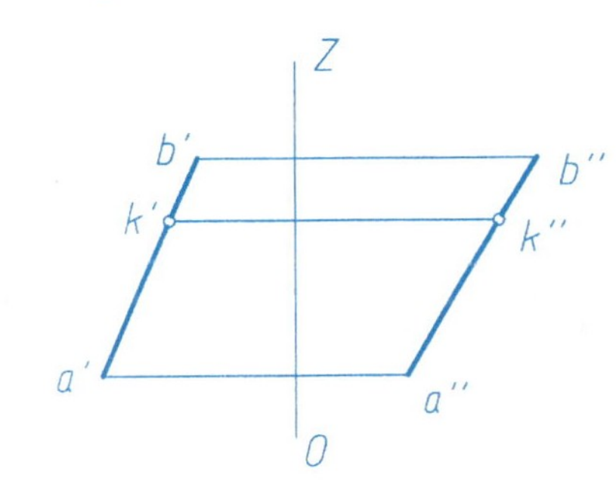

10. 作交叉两直线AB与CD的公垂线。

11. 作直线AB与CD平行，并与EF、GH分别相交于点A和B。

12. 水平线CD与AB相交于点K，求$c'd'$。

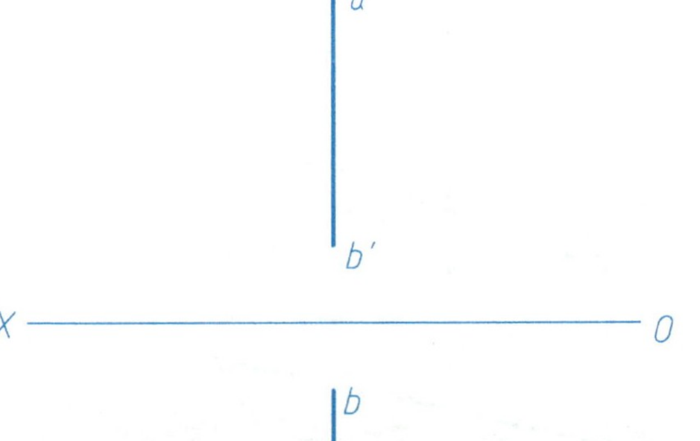

13. 求作直角三角形ABC的两面投影。已知一直角边BC在BM上，斜边AC为正平线，且α=30°。

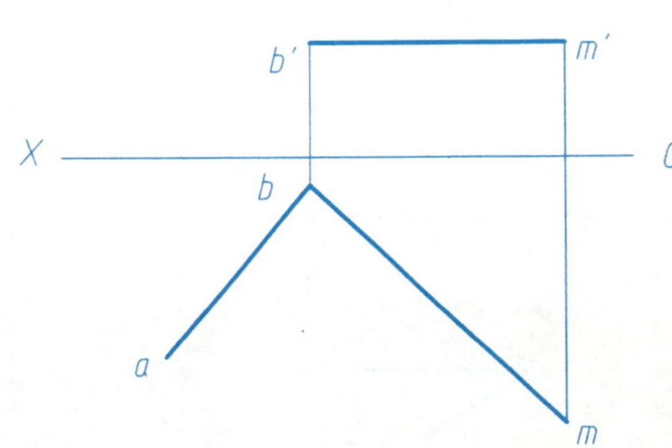

14. 过点A作直角三角形ABC。已知直角边BC位于EF上，BC=25mm，另一直角边为AB。

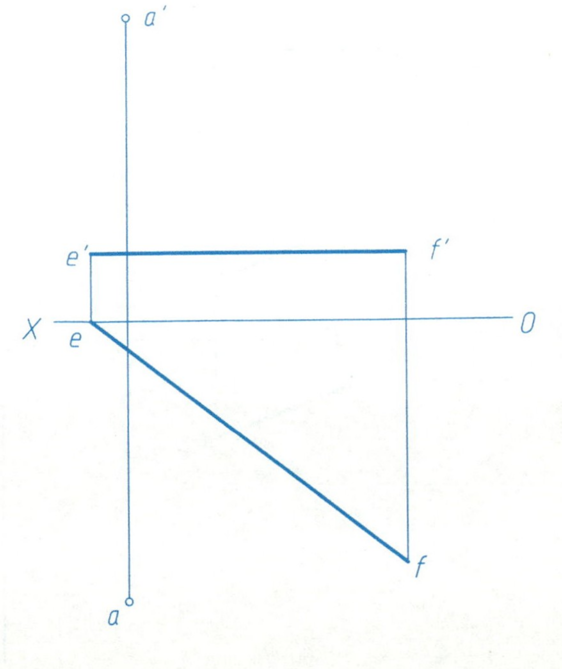

1. 求平面的第三投影，并作出平面上点K的其他两投影。

(1)

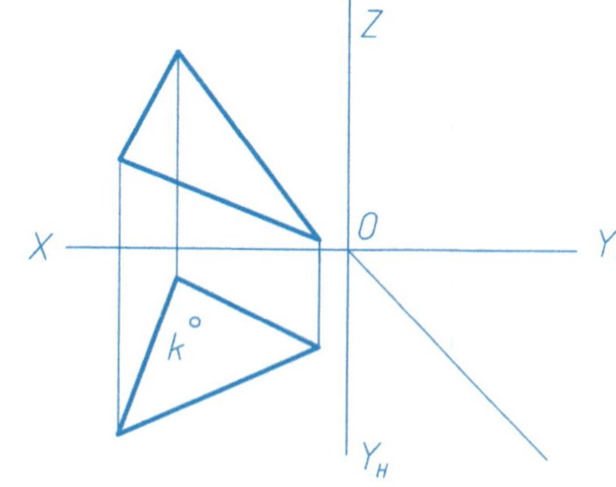

(2)

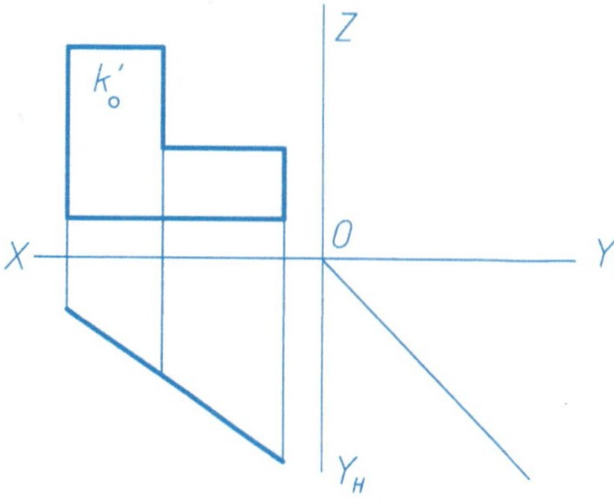

(3)

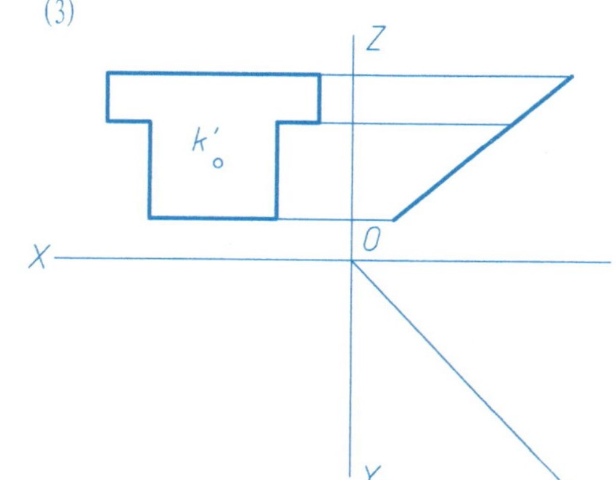

(4)

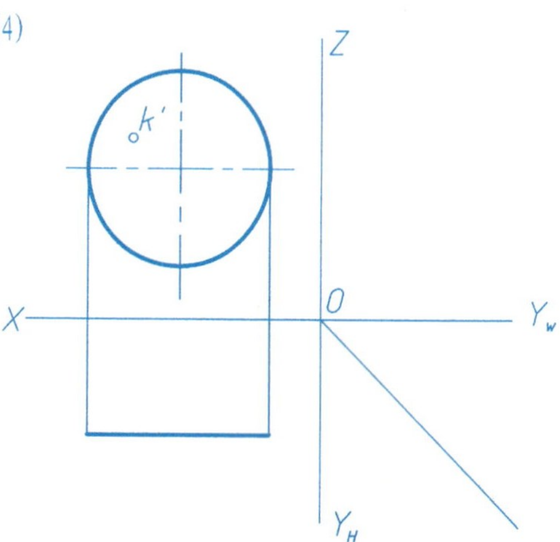

2. 判别点A和直线AB是否属于给定的平面。

(1)

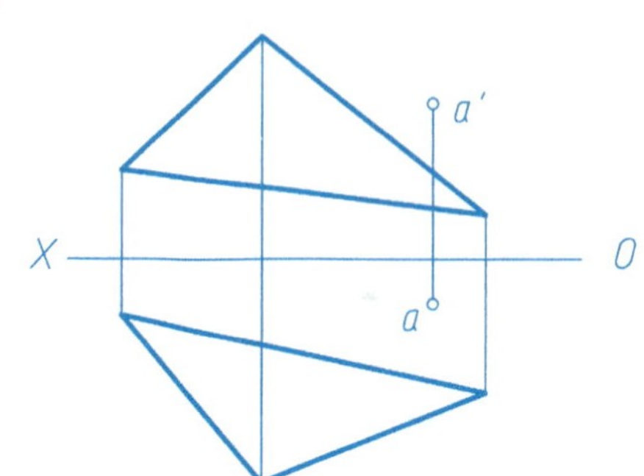

A ______平面

(2)

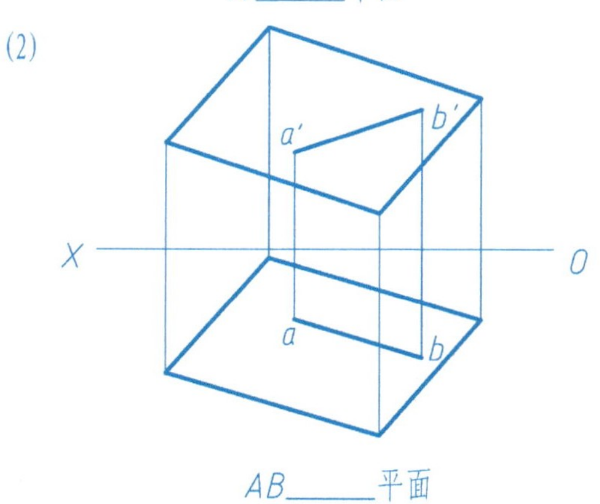

AB ______平面

3. 过直线AB和直线CD各作两个用迹线表示的特殊位置平面。

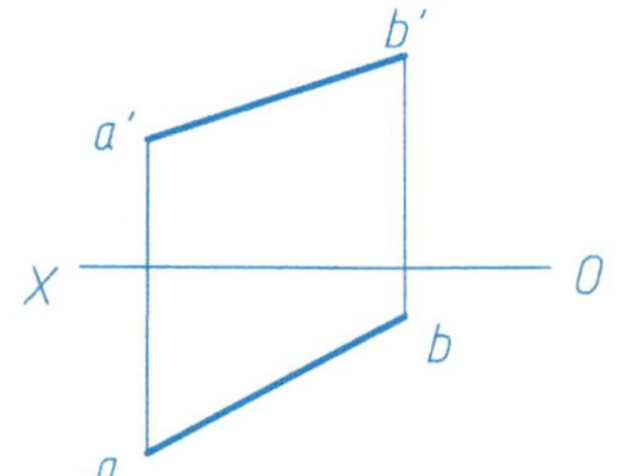

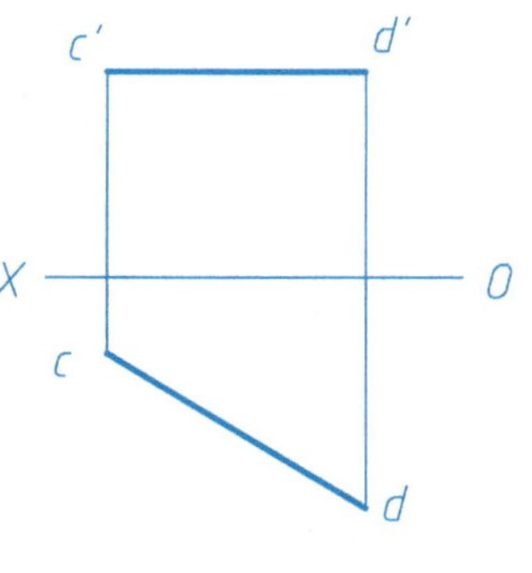

4. 已知直线BE为正平线，求五边形平面的水平投影。

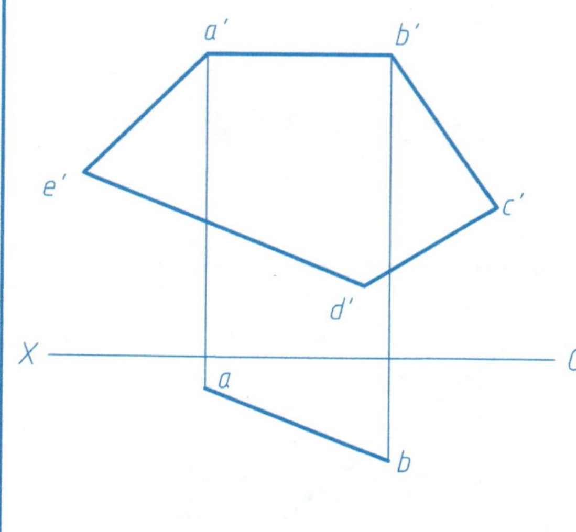

5. 在平面ABC内取点K，使其距V面20mm，距H面25mm。

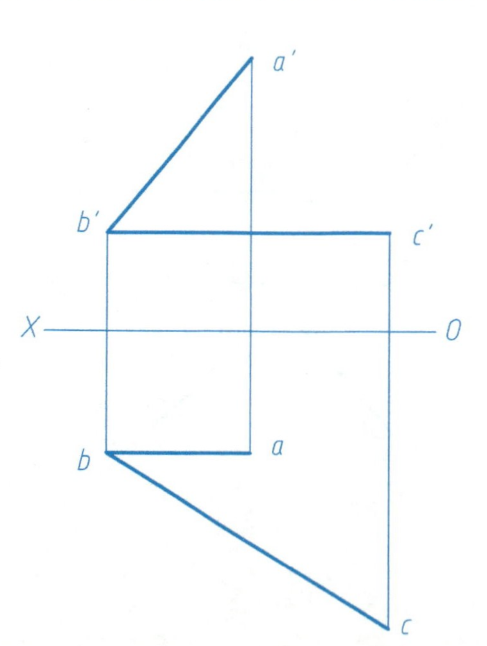

6. 求△ABC上对V面、H面等距点的轨迹。

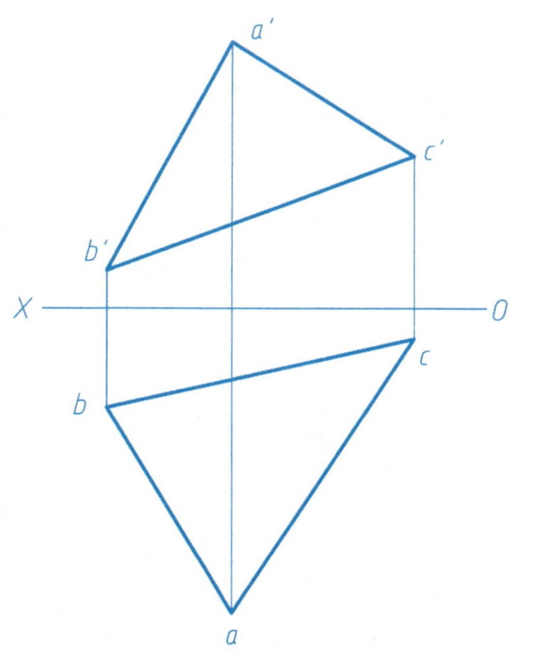

7. 作平面P的两面投影，已知直线AB为平面P上的水平线，其正平线 $\alpha=60°$。

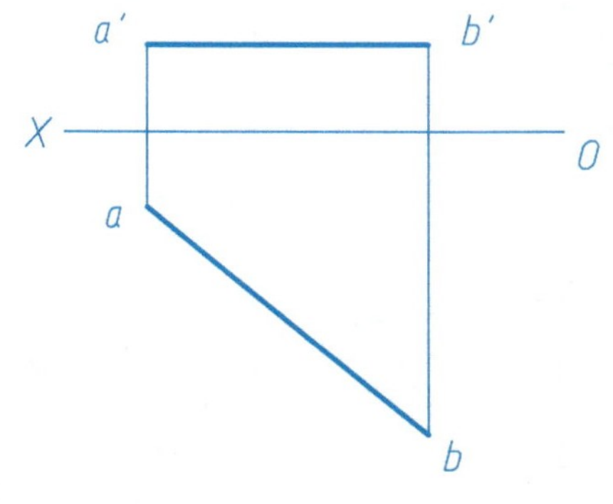

四、直线与平面、平面与平面的相对位置（一）

班级　　　　姓名　　　　学号

1. 过点A作平行于给定平面的正平线。

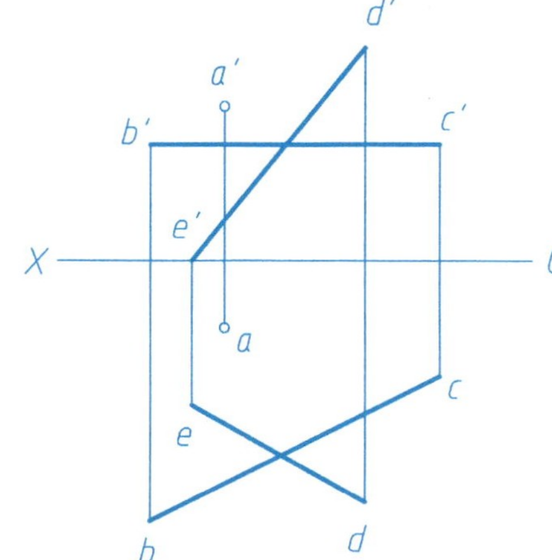

2. 过点A作平面平行于给定的两条直线。

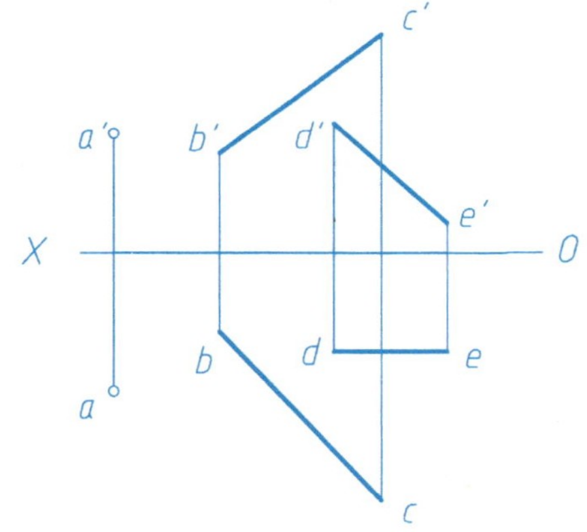

3. 判断直线与平面是否平行。

(1)

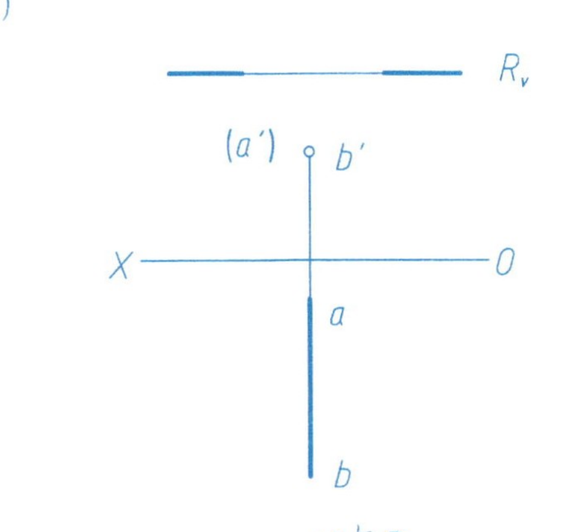

(2)

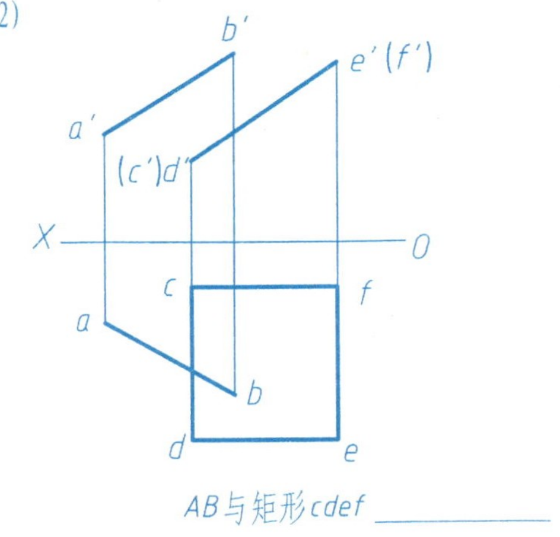

4. 已知两平面互相平行，求三角形ABC的水平投影。

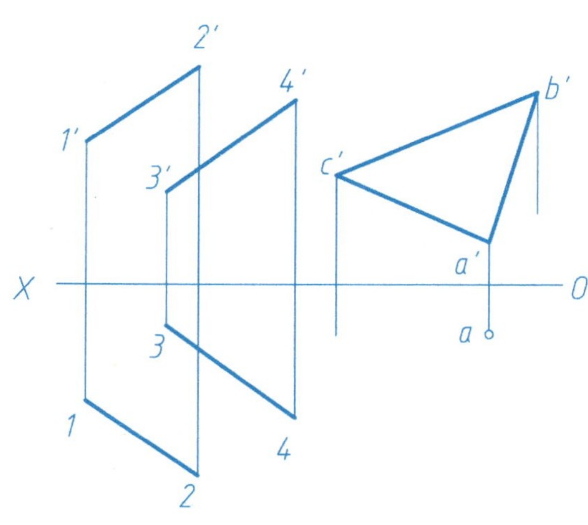

5. 作一水平线EF，距H面15mm，并与直线AB、CD相交。

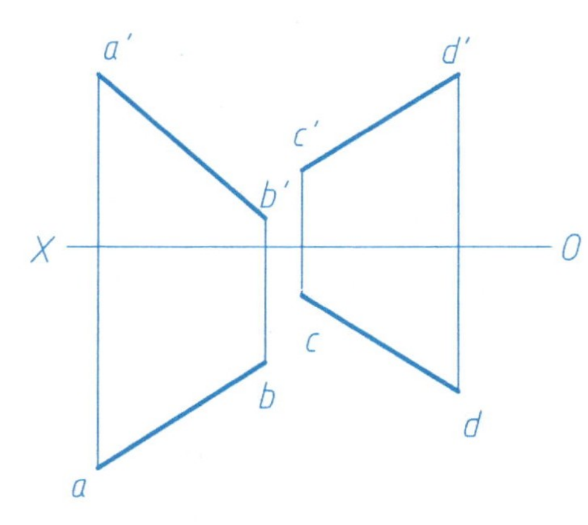

6. 过一点K作一直线KG与AB相交，G点在Z轴上。

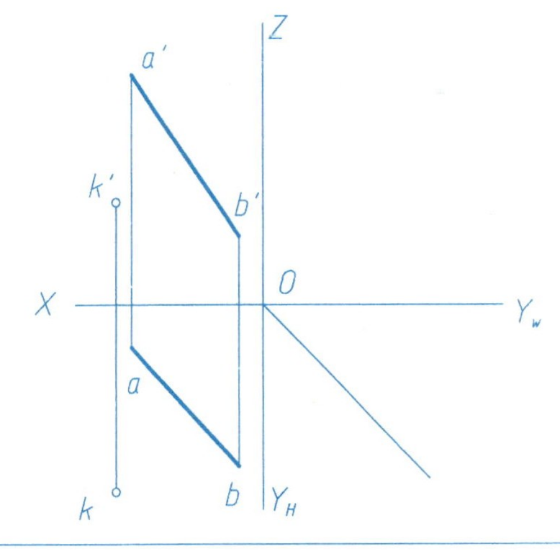

7. 作一直线L与直线AB、GH相交，并与直线MN平行。

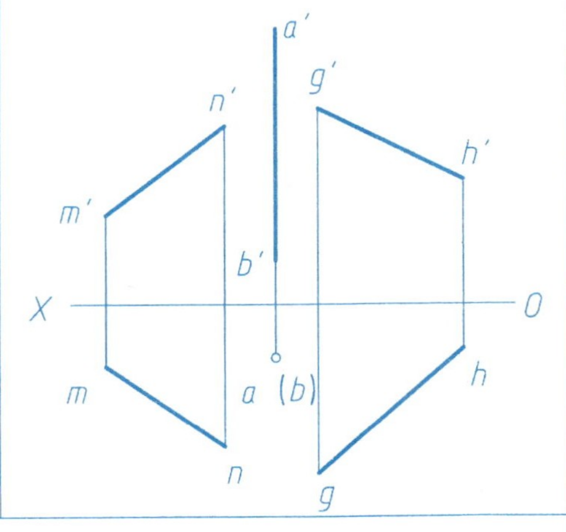

8. 求直线与平面的交点，并表明其可见性。

(1)

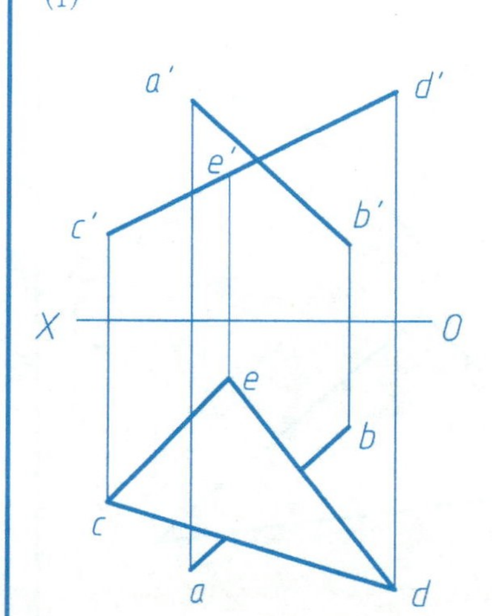

(2)

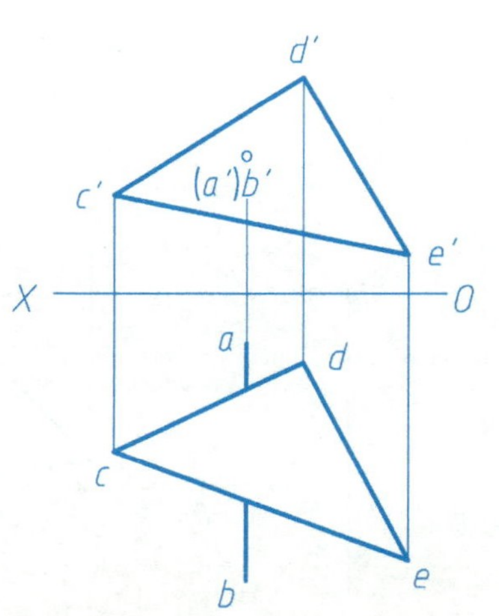

(3)

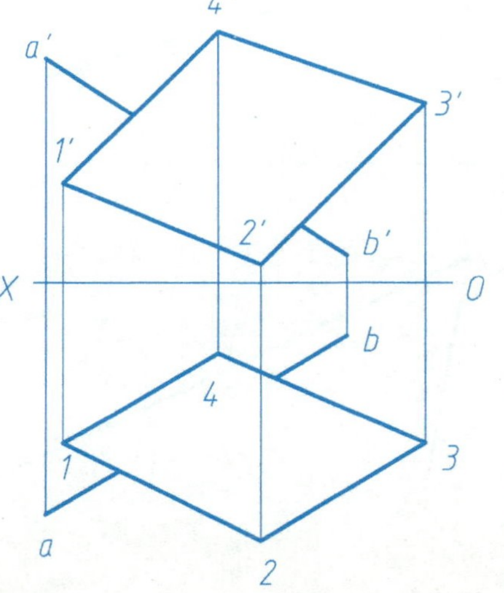

9. 求直线与平面的交点。

(1)

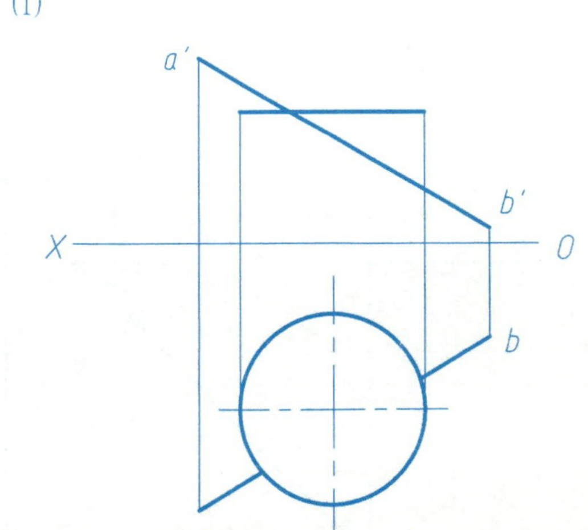

(2)

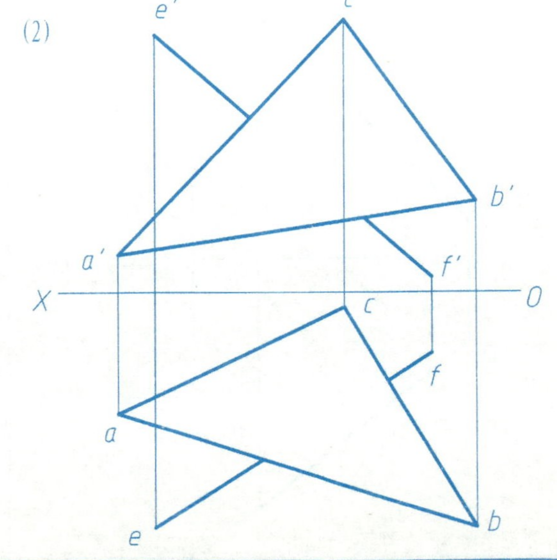

10. 判断下列平面是否平行。是打"√"，否打"×"。

(1) ab // cd // ef，a′b′ // c′d′ // e′f′

(2) abdc // efg

(3) ab // cd // efg，a′b′ // c′d′ // e′f′

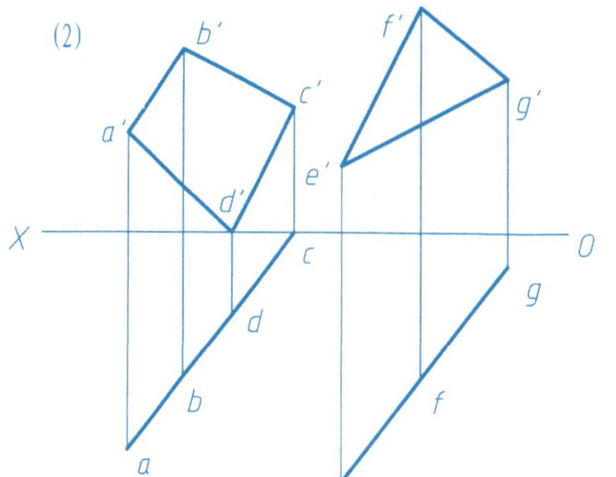
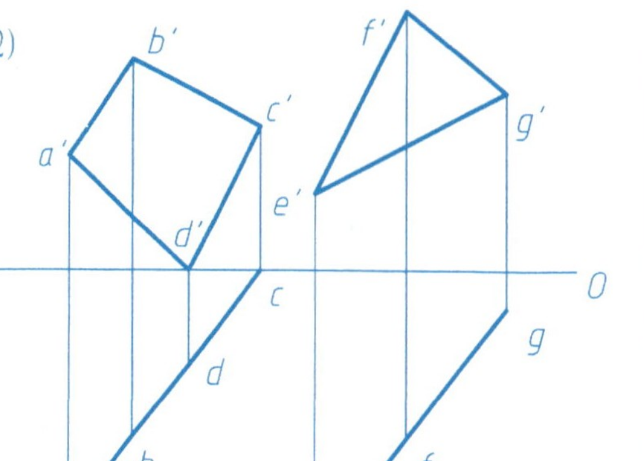

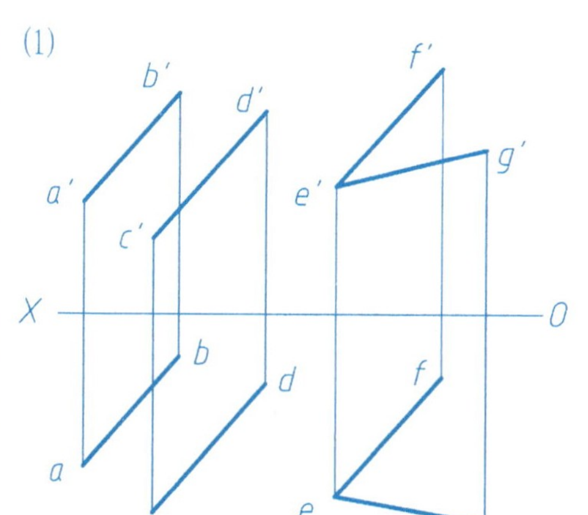

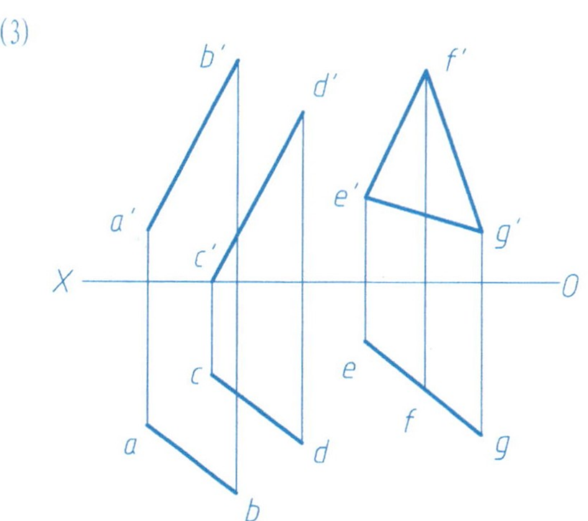

11. 判断直线与平面或两平面是否垂直。

(1)

AB与矩形______　AB与三角形______

(2)

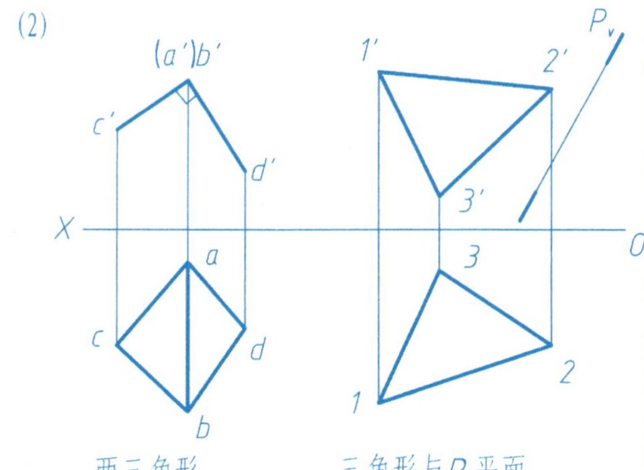

两三角形______　三角形与P平面______

12. 过点K作特殊位置平面（用迹线表示），垂直于给定的平面。

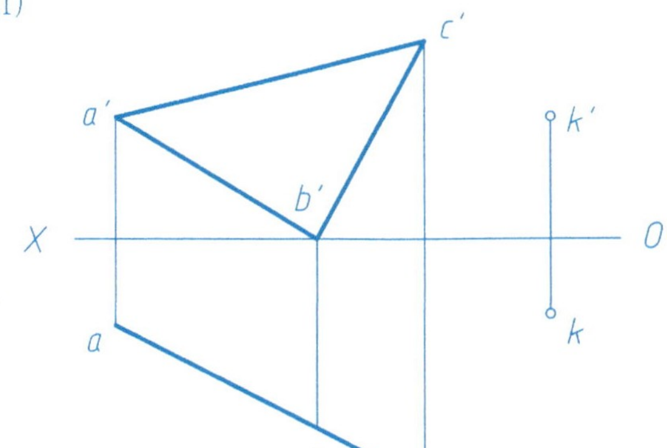

(2)

13. 过点K作直线与已知直线BC正交。

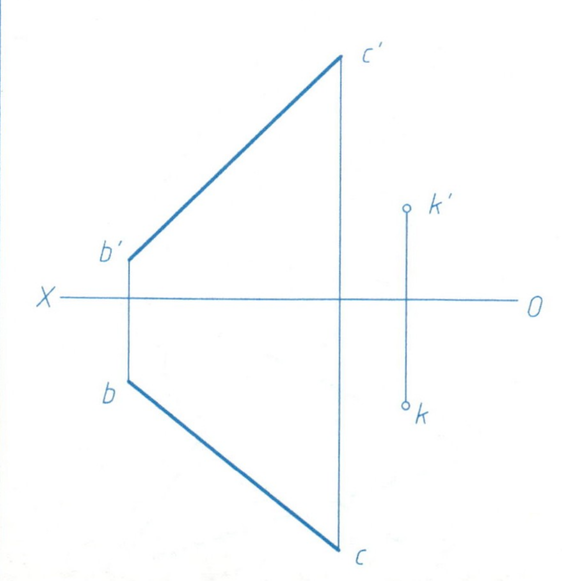

14. 完成正交两直线的两面投影。

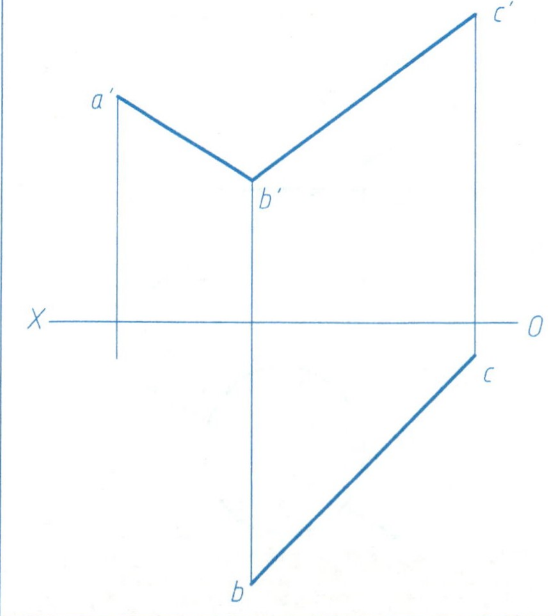

15. 以AB为直角三角形一直角边，斜边在BM上。求作三角形ABC。

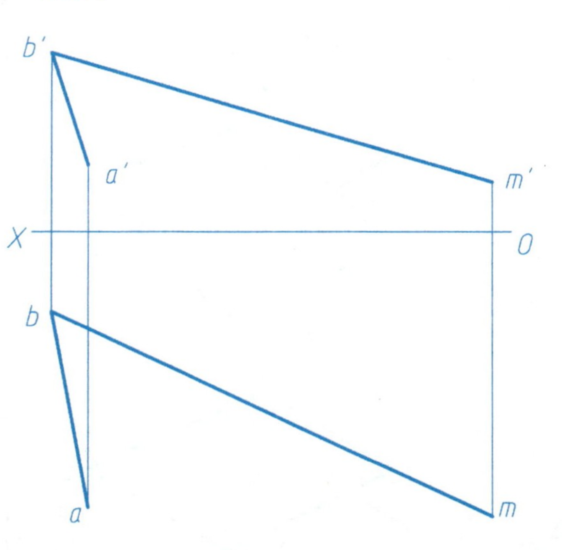

16. 求作以AB为底的等腰三角形ABC的正面投影。

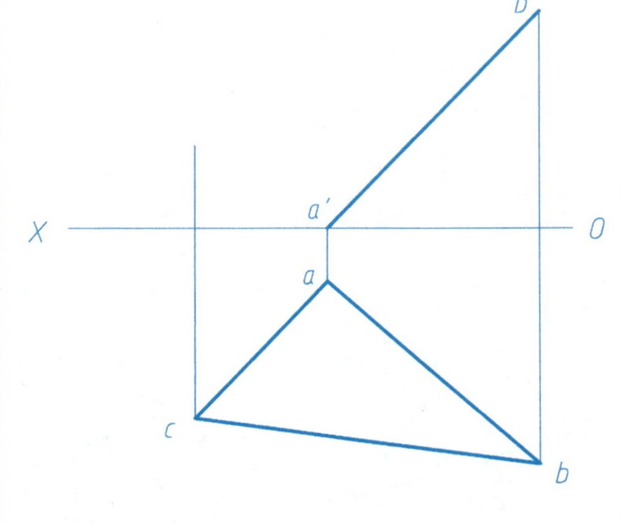

班级　　　　姓名　　　　学号

17. 求两平面的交线，并表明其可见性。

(1)

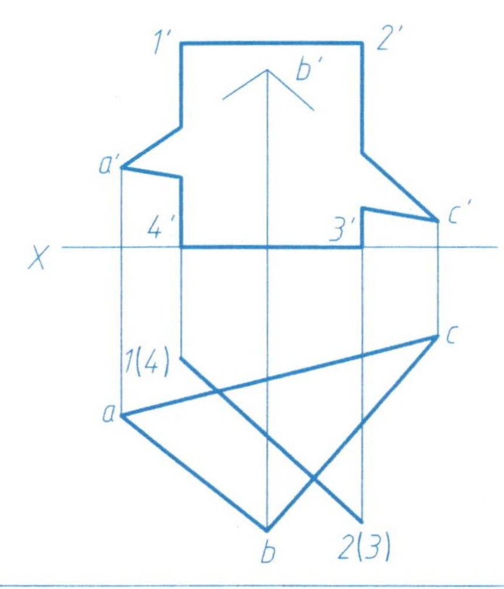

(2)

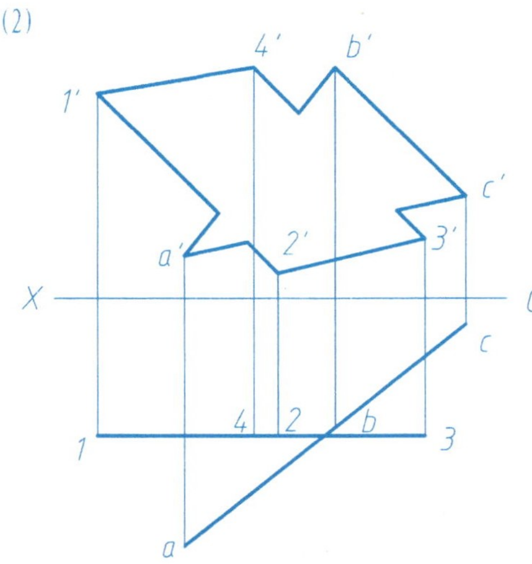

(3)

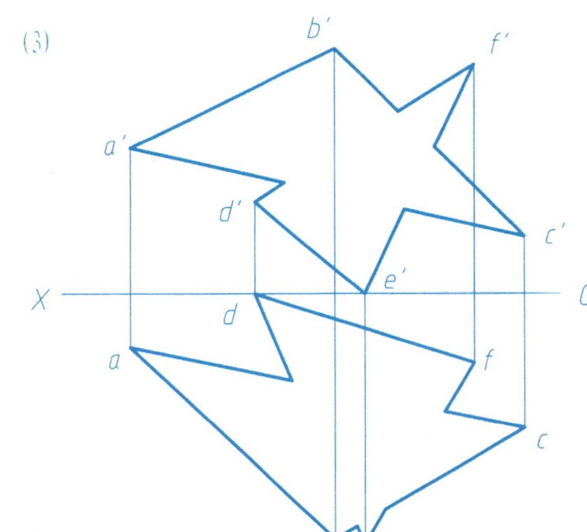

18. 求三面的共有点。

P_V
2′
4′
b′
a′
c′
1′
3′
X
O
3
b
a
4
1
2
c

19. 求两平面的交线。

(1)

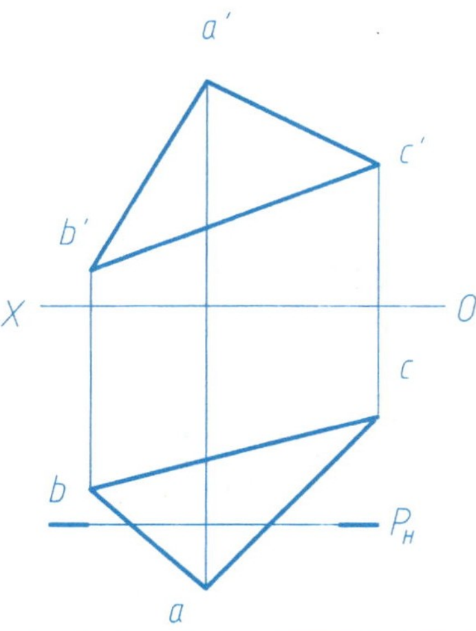

(2)

a′
1′(2′)
3′(4′)
c′
b′
X
O
c
2
4
a
1
3
b

20. 平面ABC平行于直线DE，试完成其正面投影。

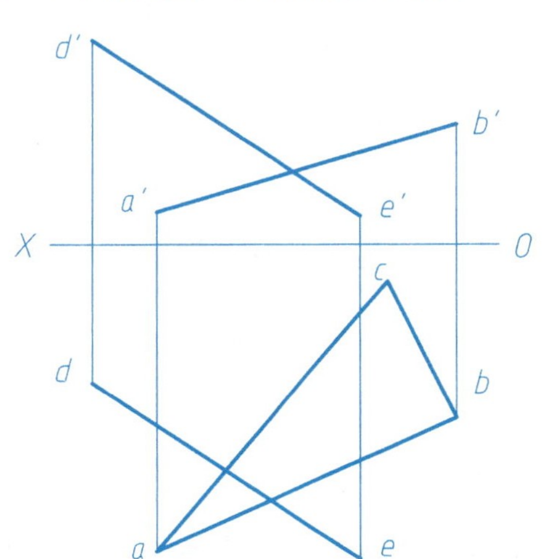

21. 过点K作一平面（用几何元素表示）平行于由直线AB、CD确定的平面。

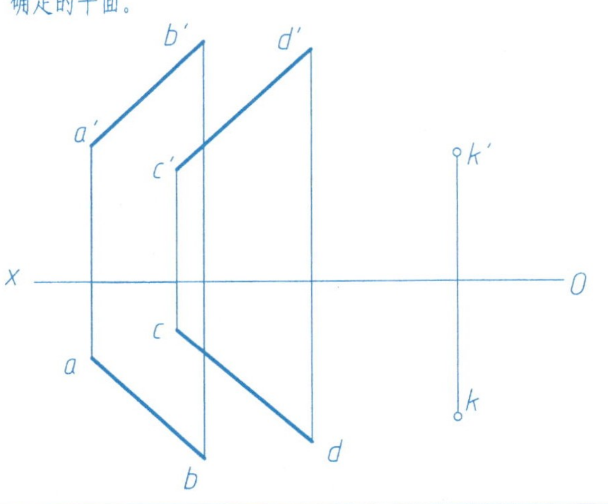

22. 分别过两直线作两互相平行的平面。

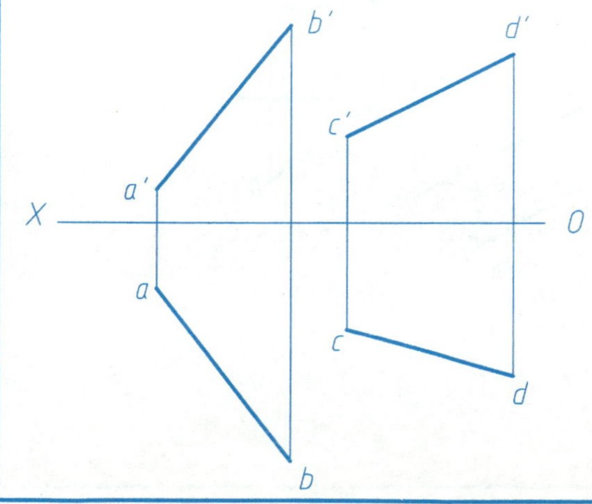

23. 已知由直线AB、CD确定的平面平行于三角形EFG，试完成该平面的水平投影。

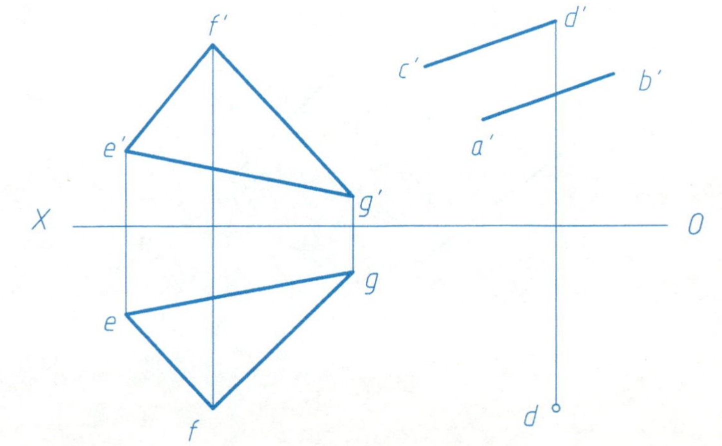

24. 求两个三角形的交线，并表明其可见性。

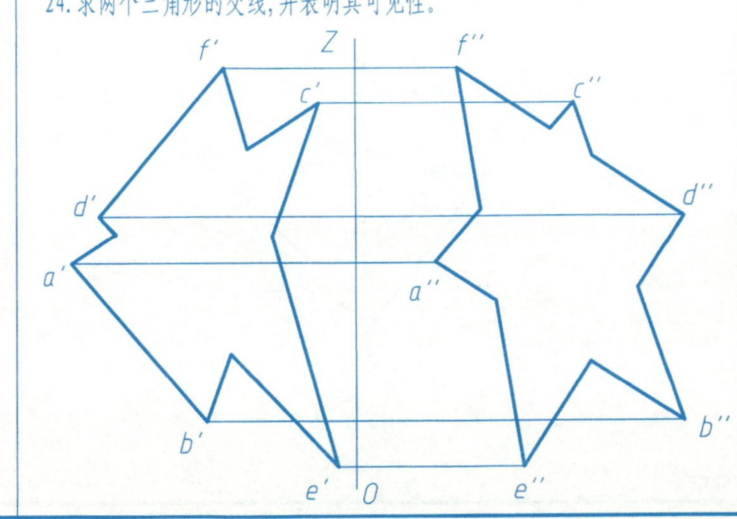

25. 综合问题

(1) 过点K作一直线KL与平面三角形ABC平行，并与直线EF相交。

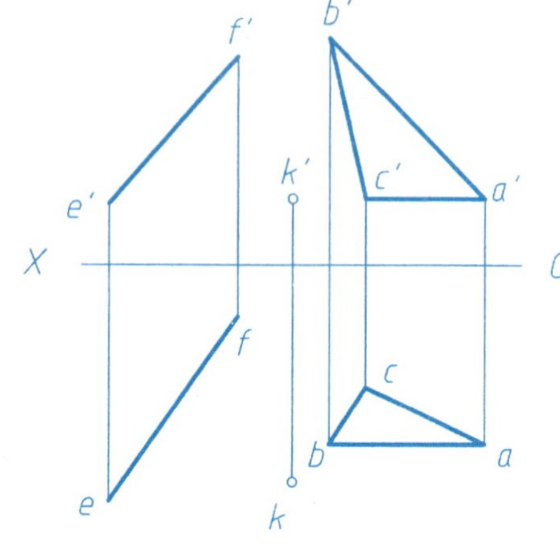

(2) 已知点E到三角形ABC的距离为15mm，求e。

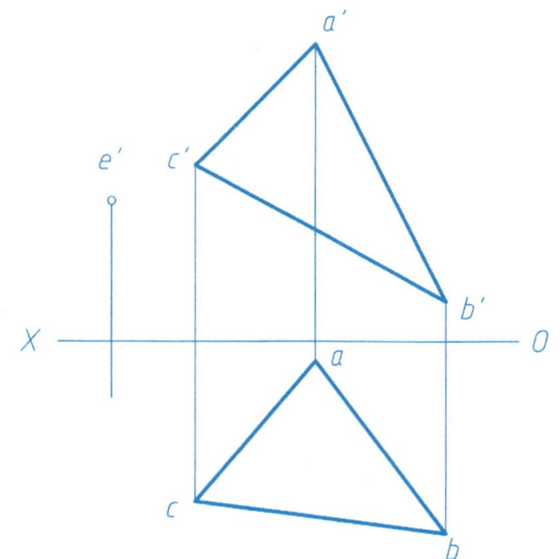

(3) 在直线AB上取一点K，使K与C、D两点等距。

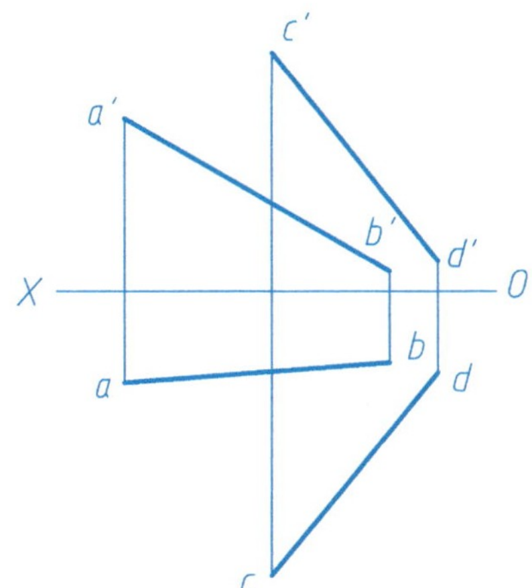

(4) 作一直线与直线EF、MN相交，并与直线PQ平行。

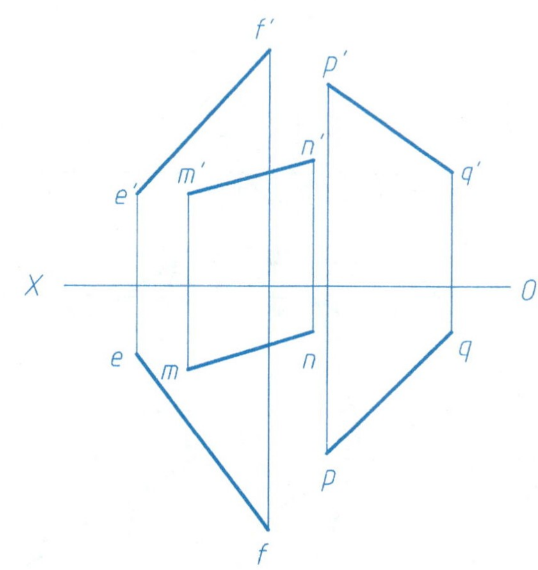

(5) 过点A作直线与交叉直线EF、MN相交。

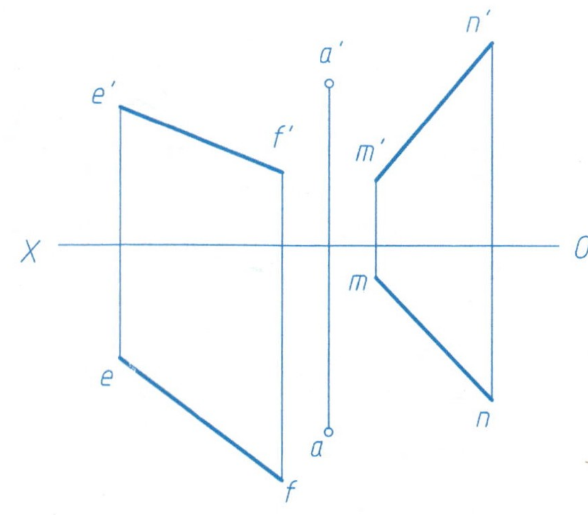

(6) 作一直线与平面ABC垂直，且与直线EF、MN相交。

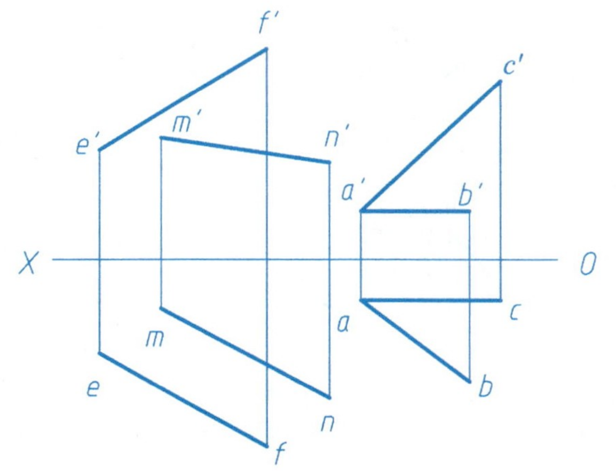

(7) 过点A作直线与直线EF、MN交叉垂直。

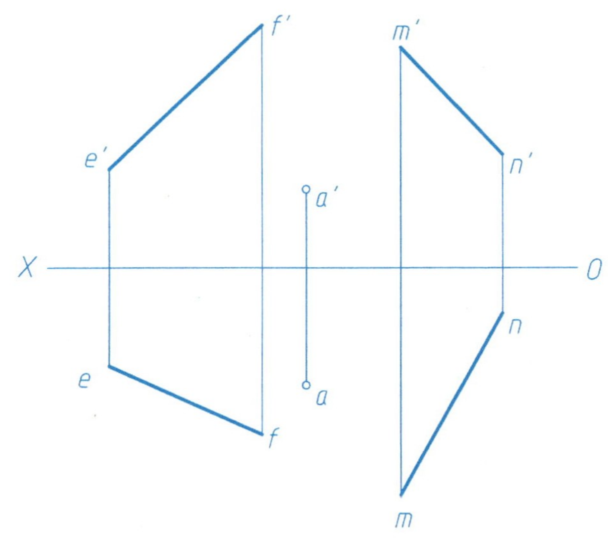

(8) 过点K作一平面，与平面ABC垂直，且与直线EF平行。

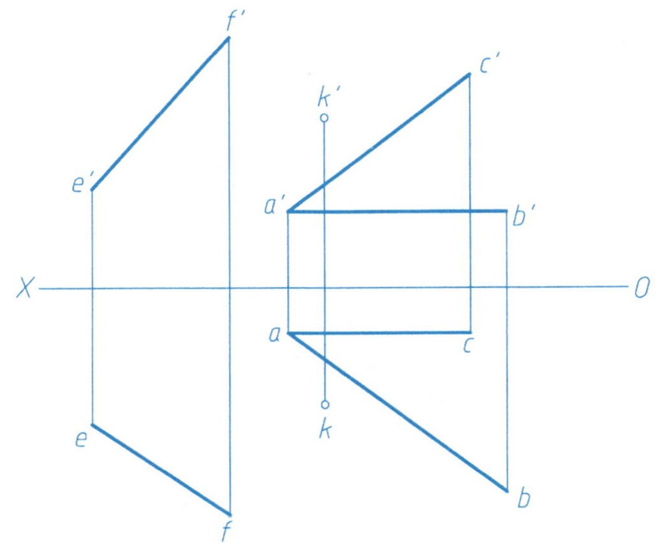

(9) 过点A作一直线AC垂直于直线AB，并与直线DE相交。

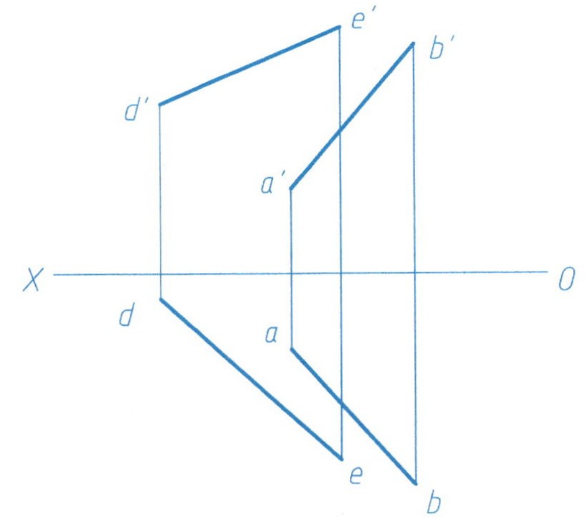

(10) 已知BD为菱形的一对角线，菱形的一顶点在EF上。求作菱形ABCD的投影。

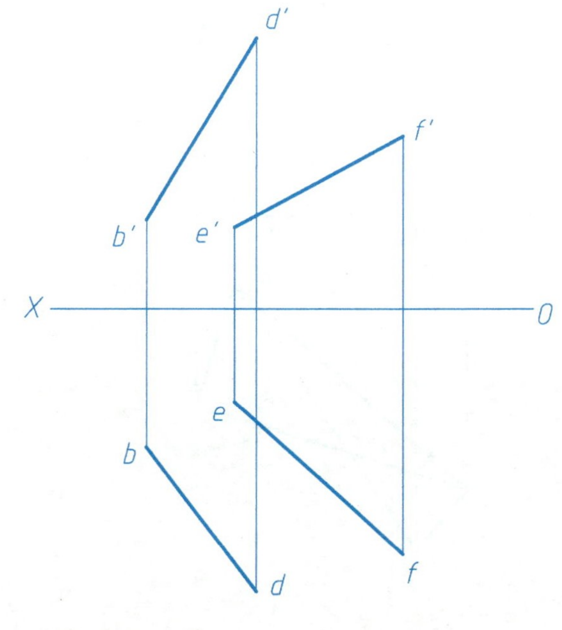

(11) 过点M作一直线MN，使其垂直于直线AB，并平行于平面DEF。

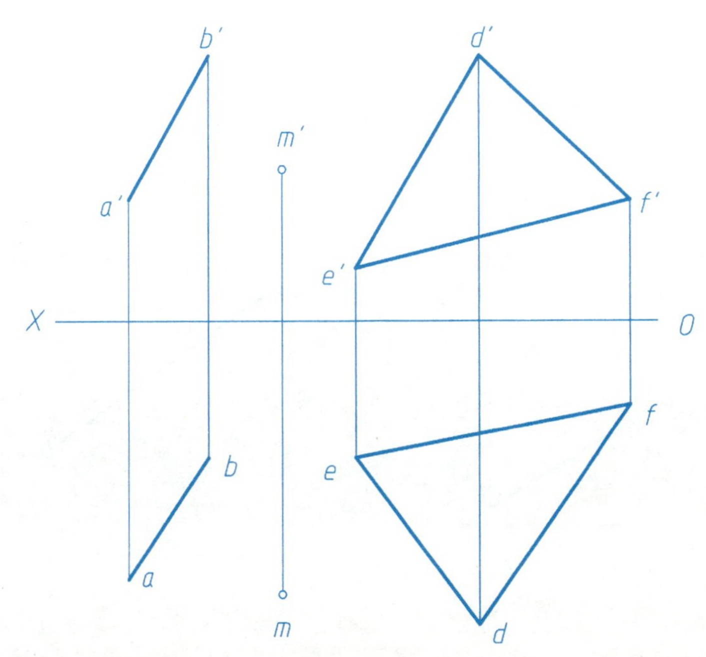

(12) 求交叉两直线AB、CD的公垂线。

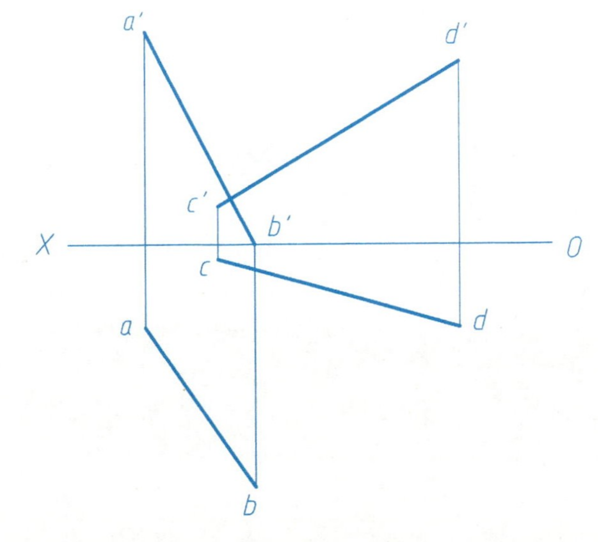

五、投影变换(换面法)(一)

班级　　　　姓名　　　　学号

1. 求直线AB的实长及其对H、V面的倾角α、β。

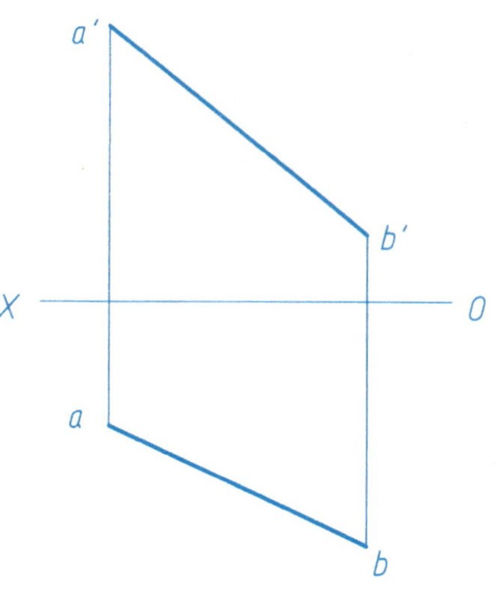

2. 已知直线AB对H面倾角为30°，求其正面投影$a'b'$。

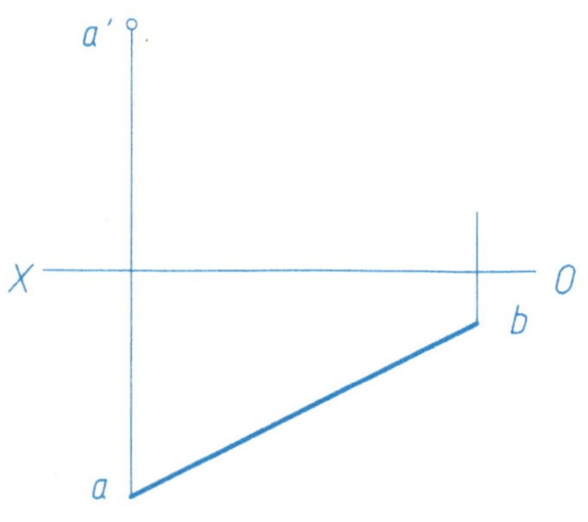

3. 求$\angle ABC$的实际大小。

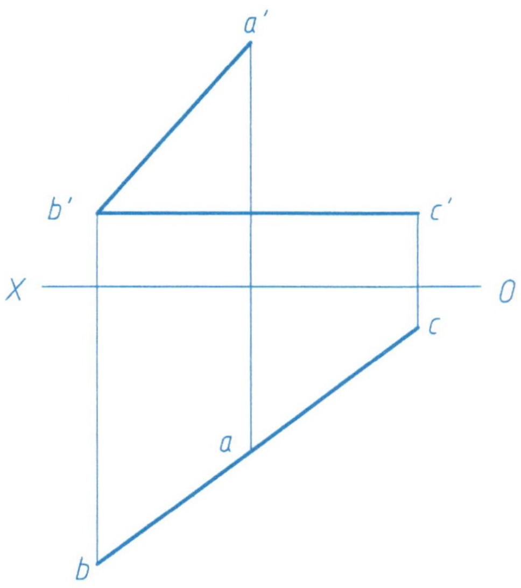

4. 求平行四边形$ABCD$平面对W面的倾角γ，并求其实形。

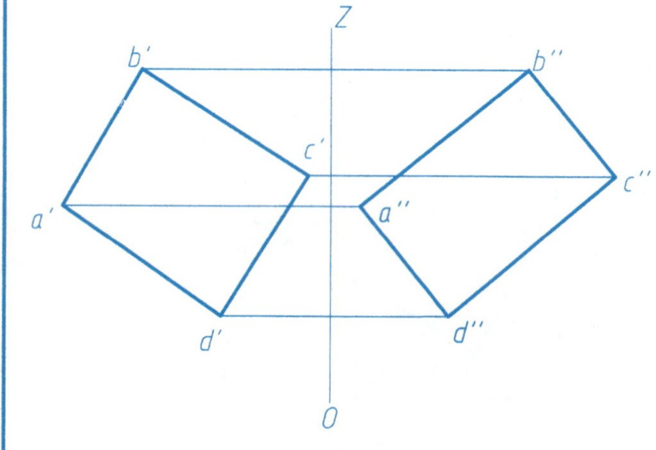

5. 求点K至直线AB的距离，并作出表示距离的线段在H、V面上的投影。

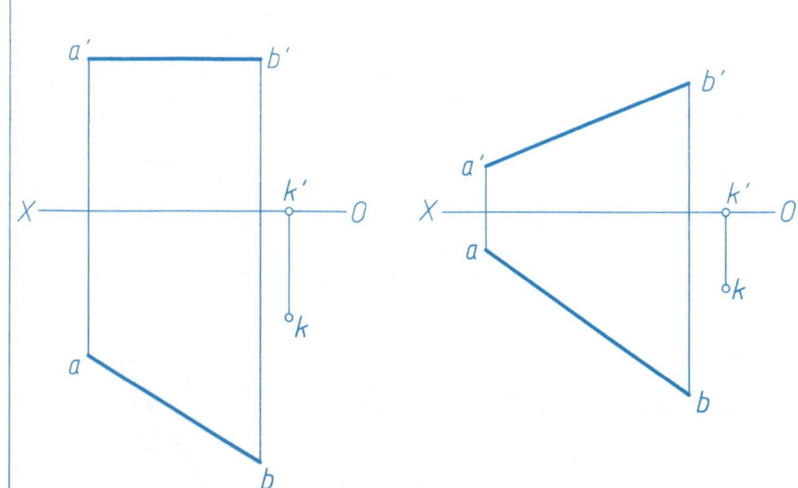

6. 求两个三角形平面的夹角。

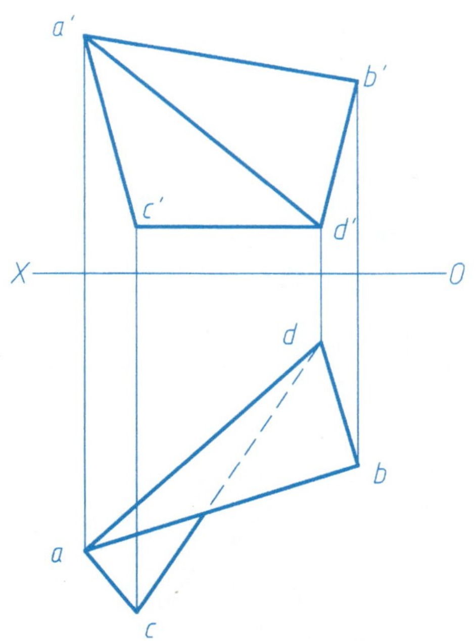

7. 已知点K距三角形ABC平面15mm，求点K的水平投影。

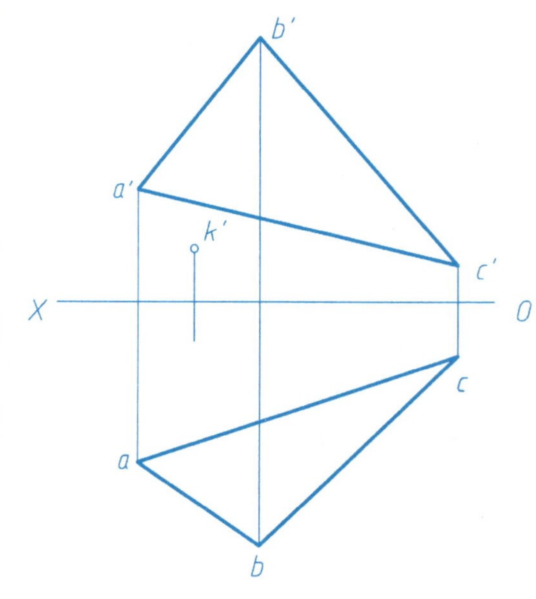

8. 求作以AB为底的等腰三角形ABC的水平投影。

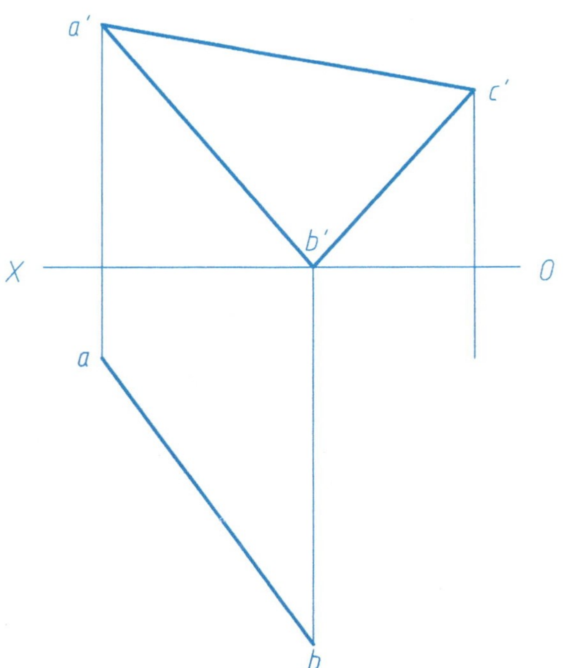

9. 求作交叉两直线公垂线的投影及其实长。

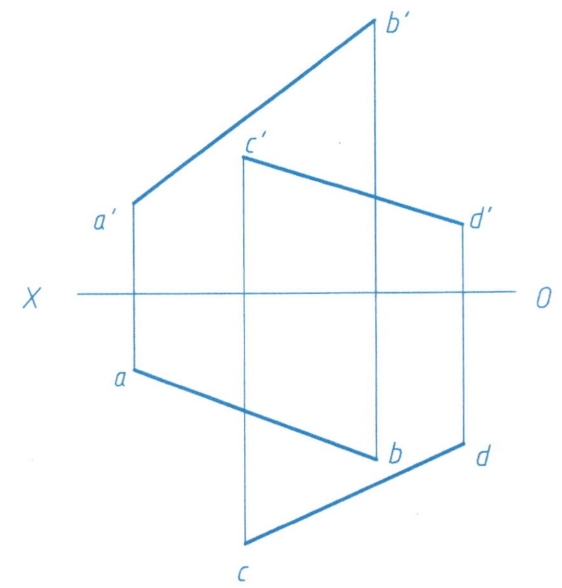

10. 已知直线AB//CD，距离为15mm，求CD的正面投影。

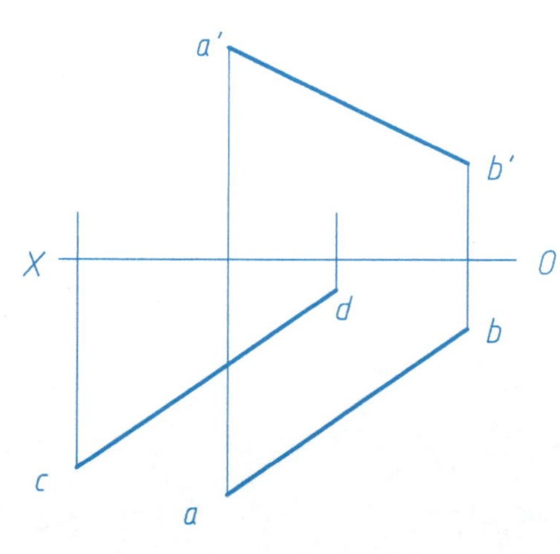

11. 求直线DE对三角形ABC平面的倾角。

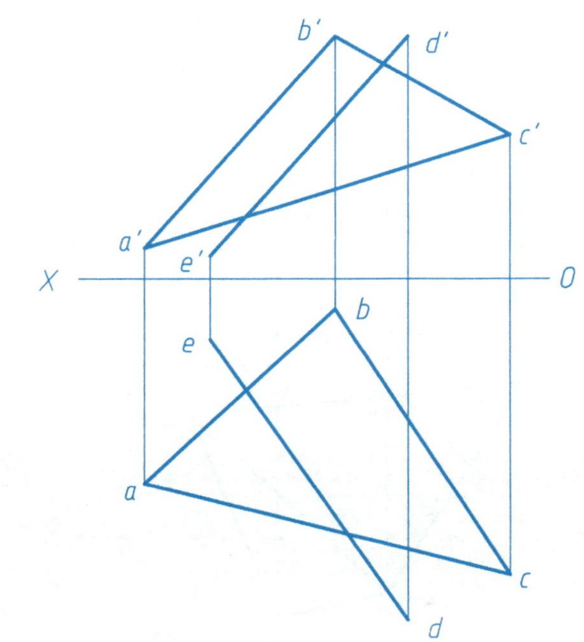

12. 求作四棱锥在H_1面上的投影。

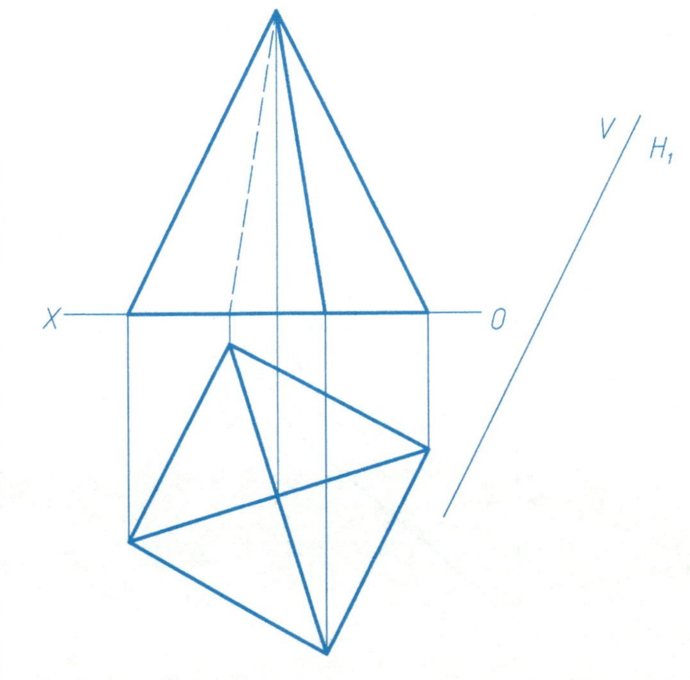

六、投影变换(旋转法)

班级　　　　姓名　　　　学号

1. 在直线AB上取点K，使AK=20mm。

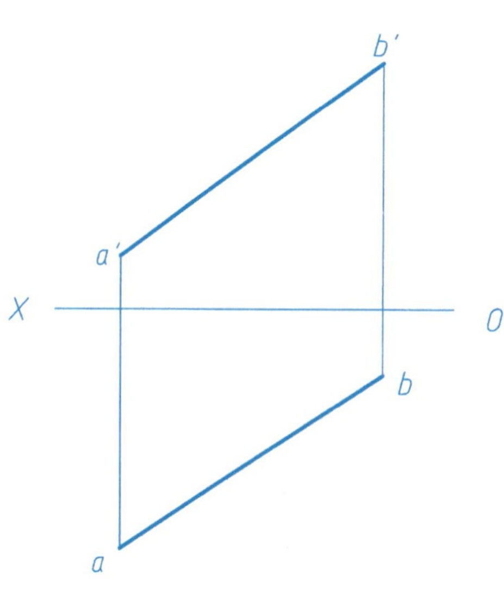

2. 求三角形ABC对H面的倾角α。

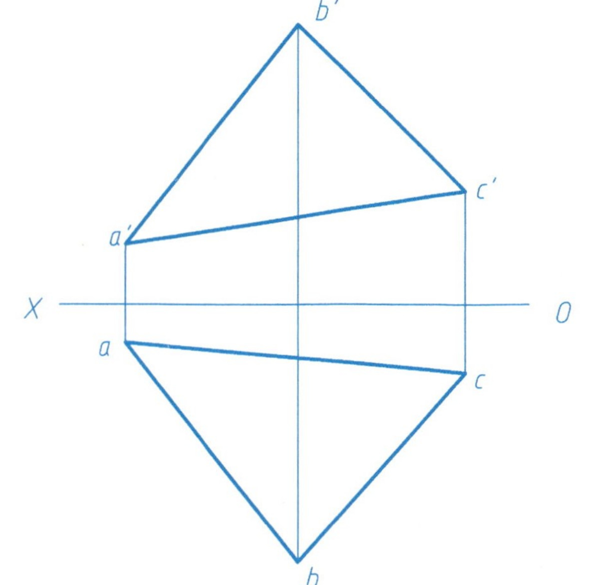

3. 求三角形ABC的实形。

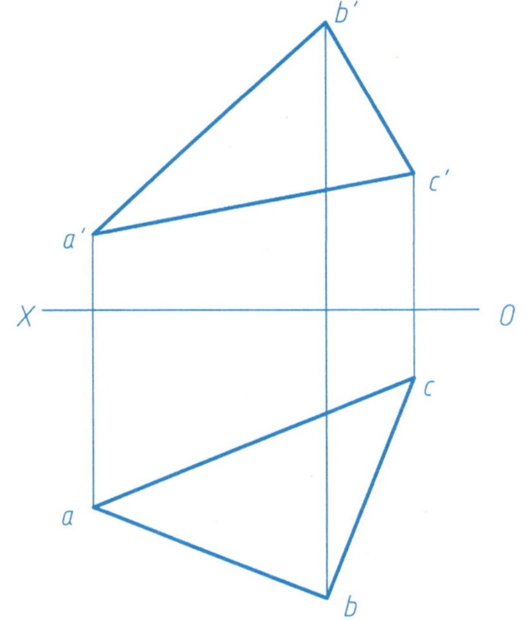

4. 已知直线AB对H面的倾角α=30°，求$a'b'$。

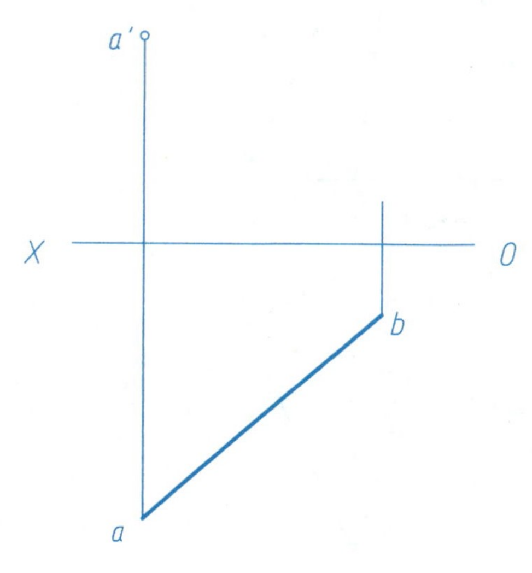

5. 求三角形ABC与三角形ABD的夹角。

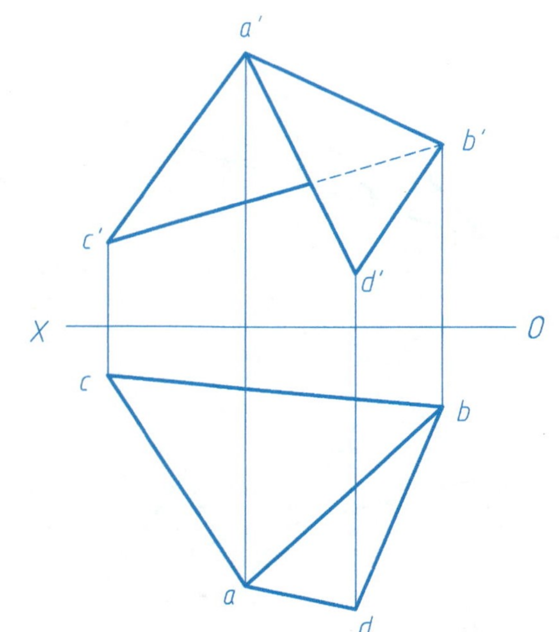

七、曲线与曲面(一)

班级　　　姓名　　　学号

1. 作出平面P上以点O_1为圆心、直径为40mm的圆的投影。

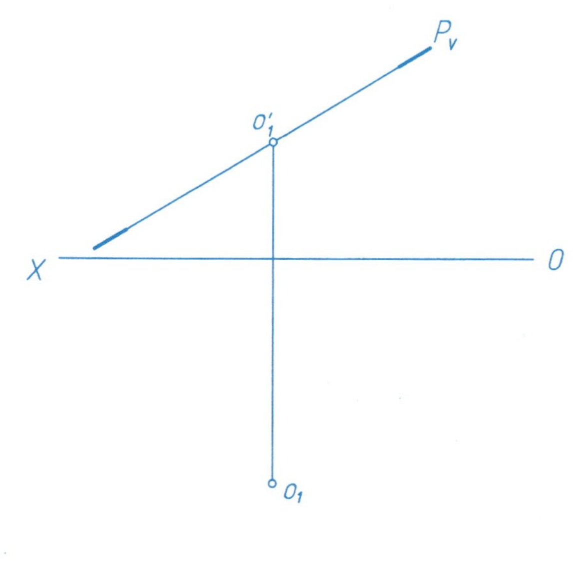

2. 完成正方形$ABCD$及其内切圆的投影。

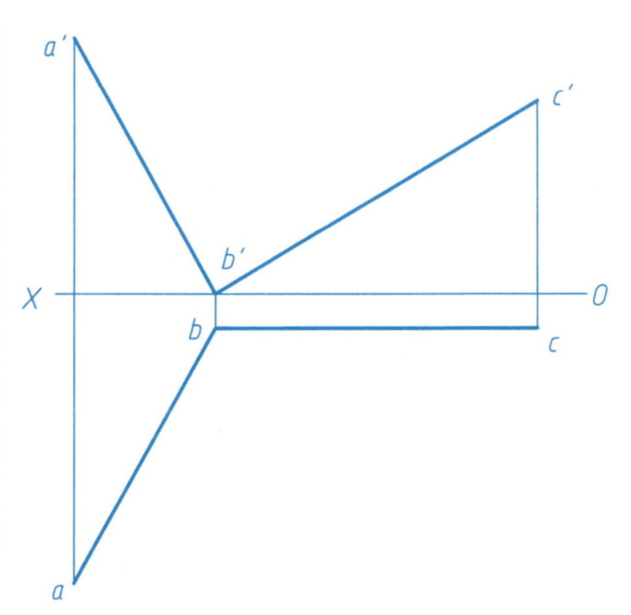

3. 完成以线段AB、BC、DE、EF为母线、O_1O_2为轴线的复合回转曲面的两面投影图，并在引出线上注出各段回转曲面的类型。

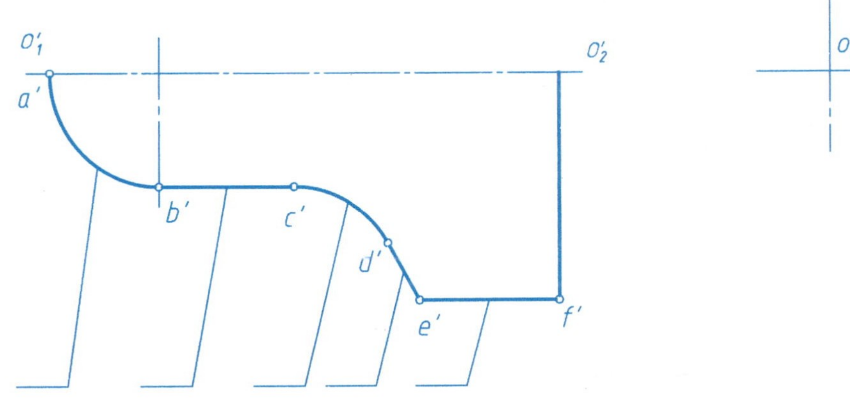

4. 作出动点A以圆柱面为导面、圆柱长的1/2为导程所形成的右旋螺旋线的投影图。

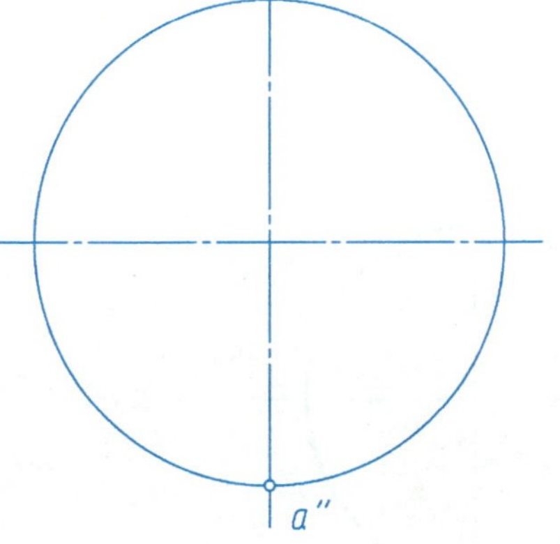

5. 作出以AB为母线、O_1O_2为轴线所形成的单叶双曲回转面的投影图。

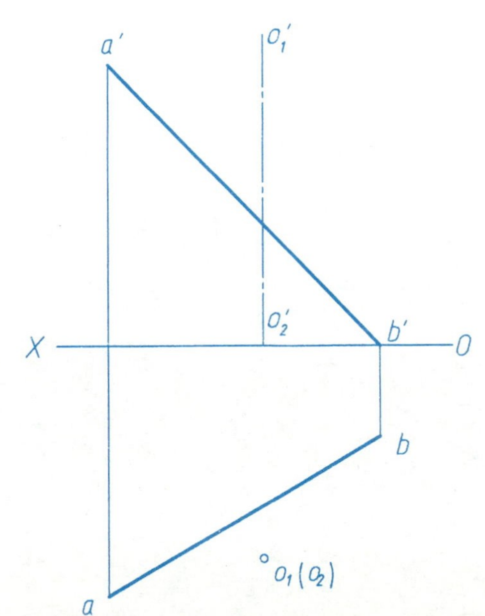

6.已知斜椭圆柱的母线AB和底圆O，完成其投影图。

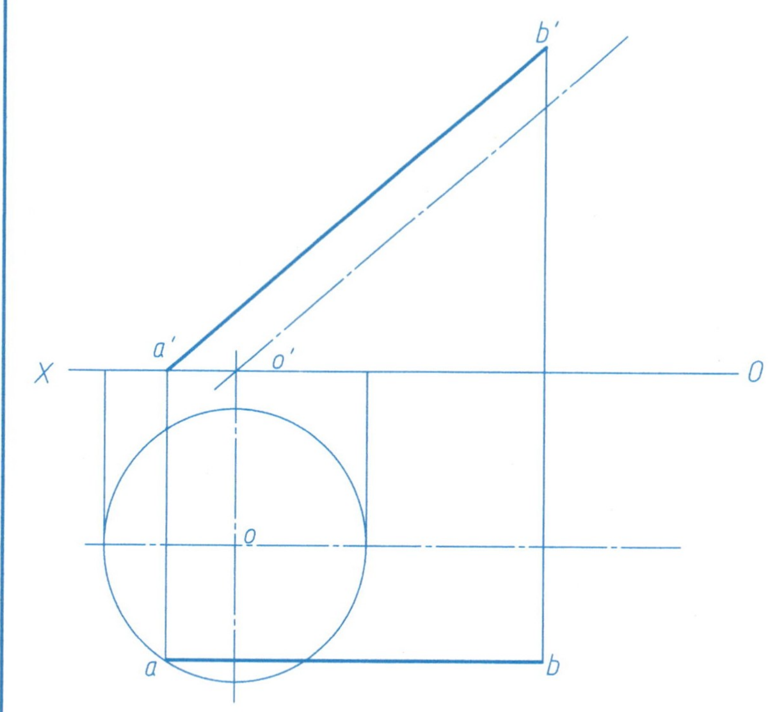

7.已知斜椭圆锥的底圆O和顶点A，完成其投影图。

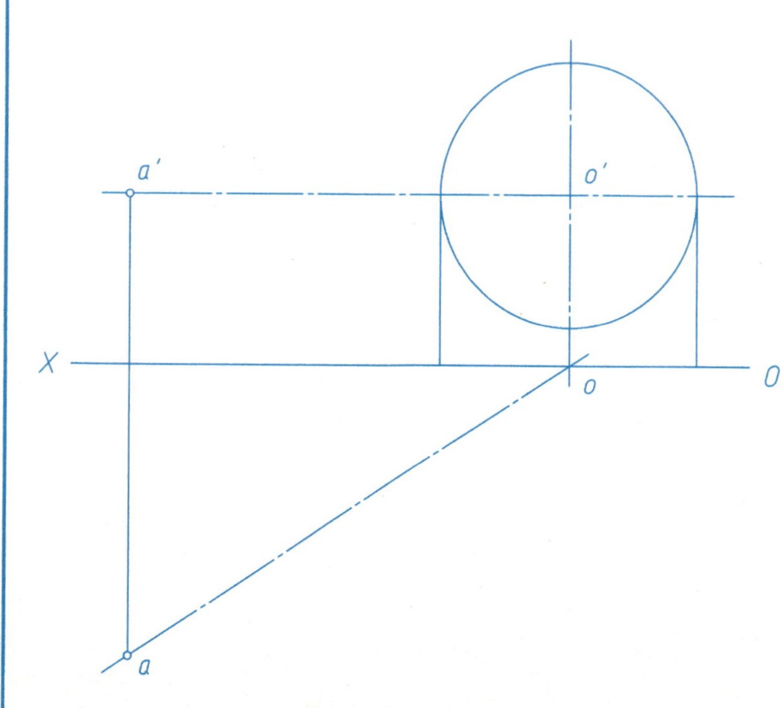

8.画出以AB为母线、圆柱面为导面、圆柱高的1/2为导程的右旋正螺旋面的投影。

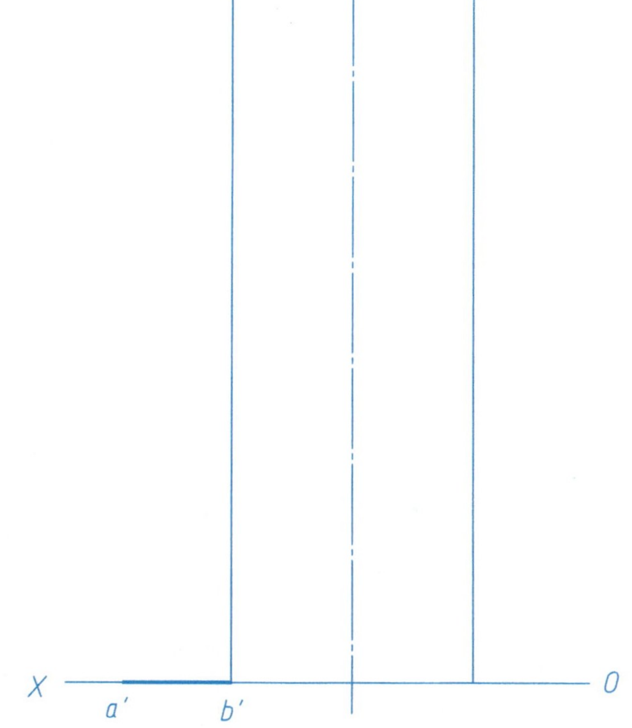

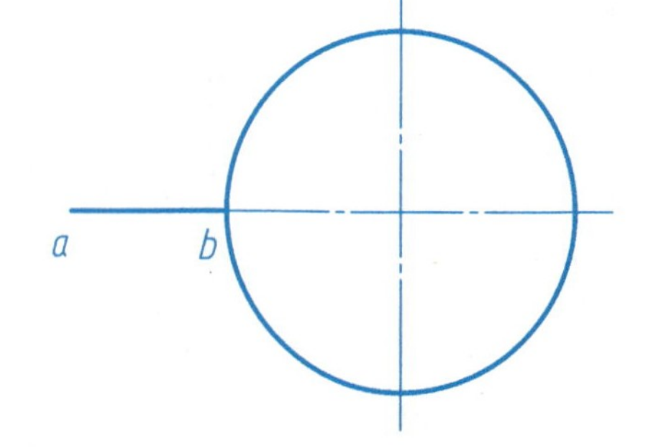

9.过圆锥面外一点A作圆锥面的切平面。

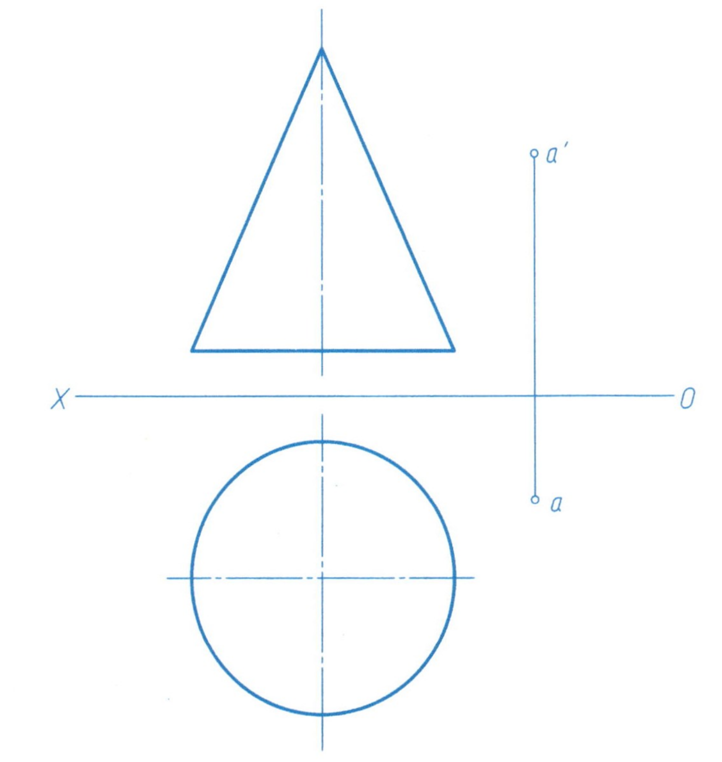

10.过球面上一点A作球面的切平面。

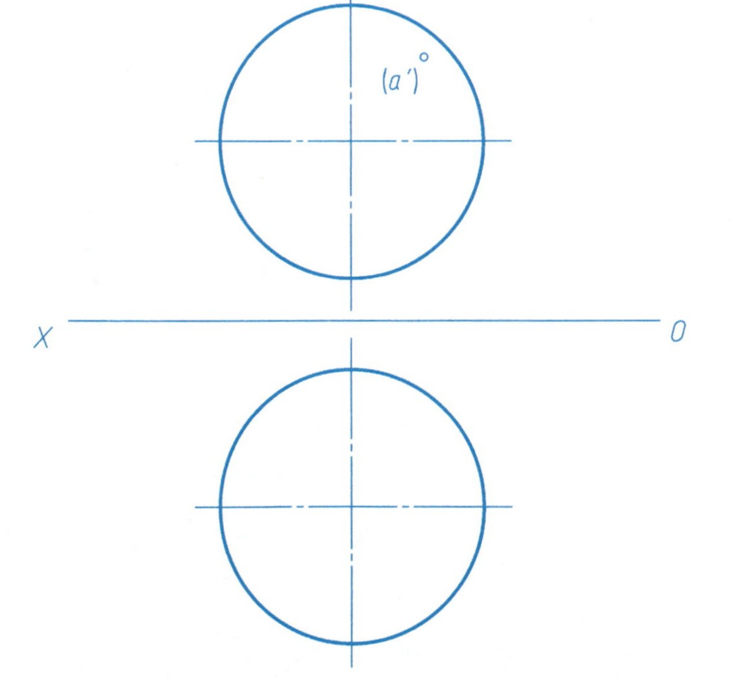

班级　　姓名　　学号

1. 完成五棱柱及其表面上点A和B的三面投影。

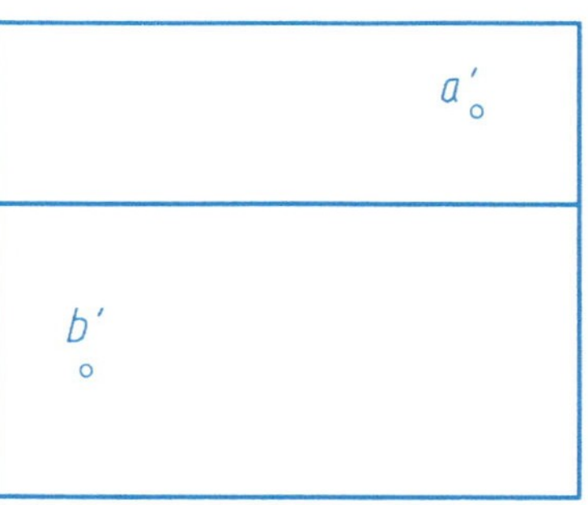

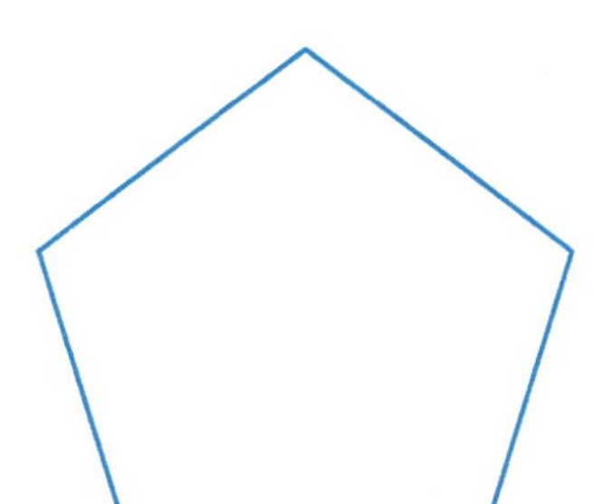

2. 完成三棱锥及其表面上点A和B的三面投影。

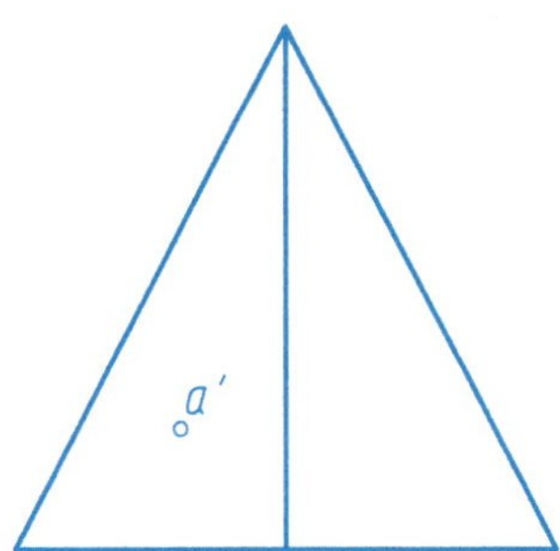

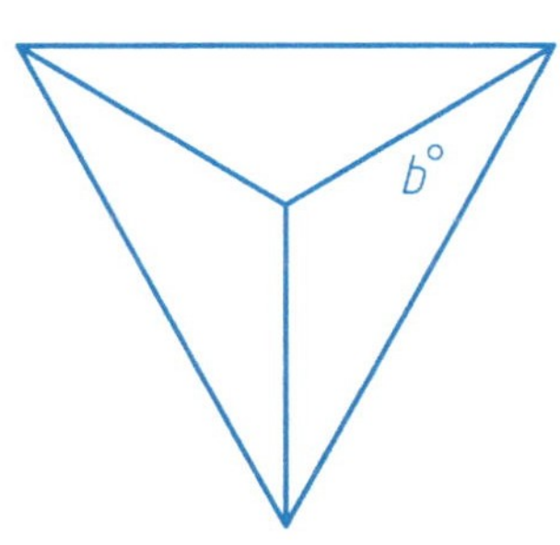

3. 完成四棱锥及其表面上点E和F的三面投影。

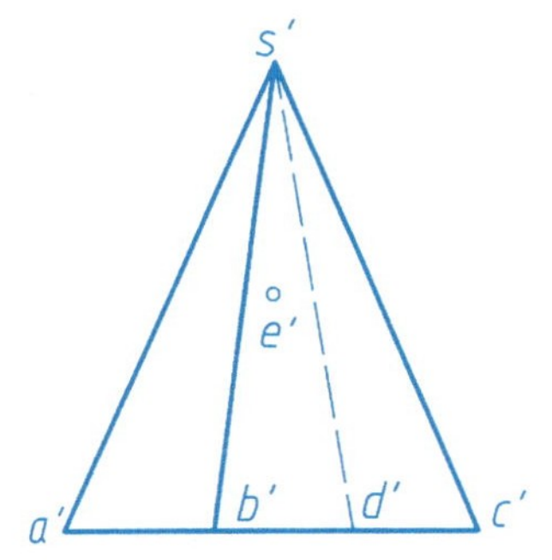

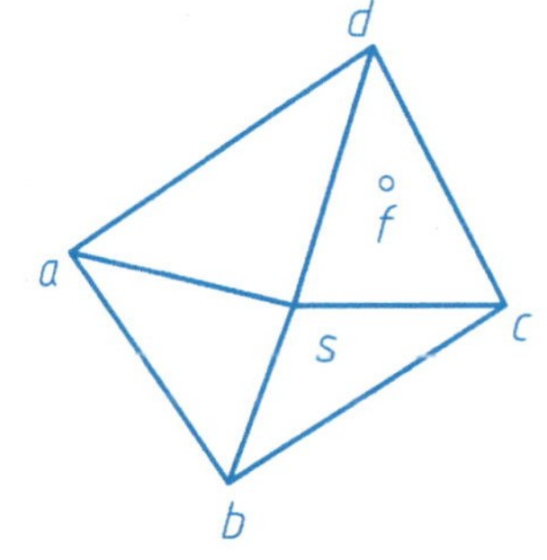

4. 正五棱柱高30mm。已知其水平投影，求正面及侧面投影。

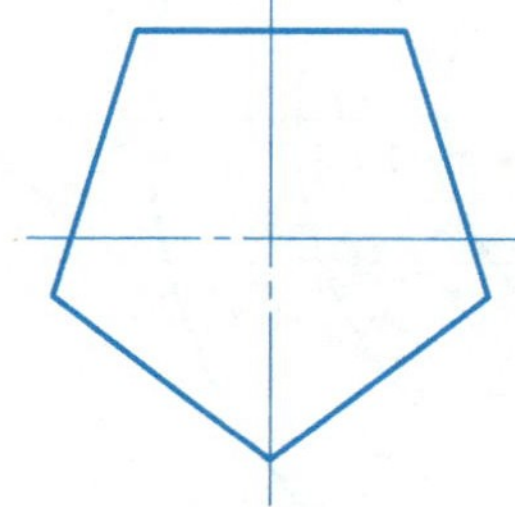

5. 四棱柱高30mm，中间有一方通孔。已知其水平投影，求正面及侧面投影。

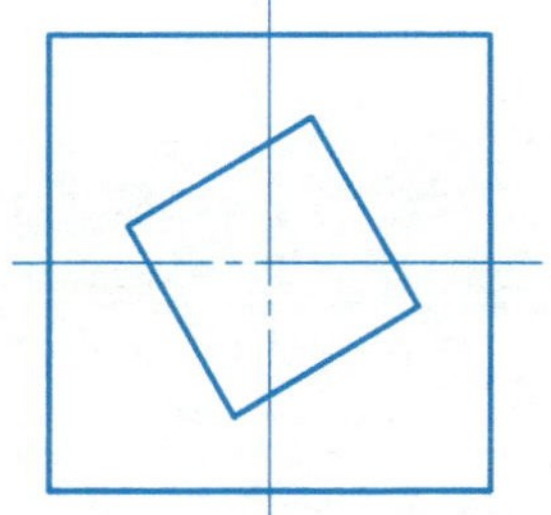

6. 完成上、下底为水平面的斜四棱柱的正面投影和水平投影（ABCD为平行四边形），并作出表面各点的投影。

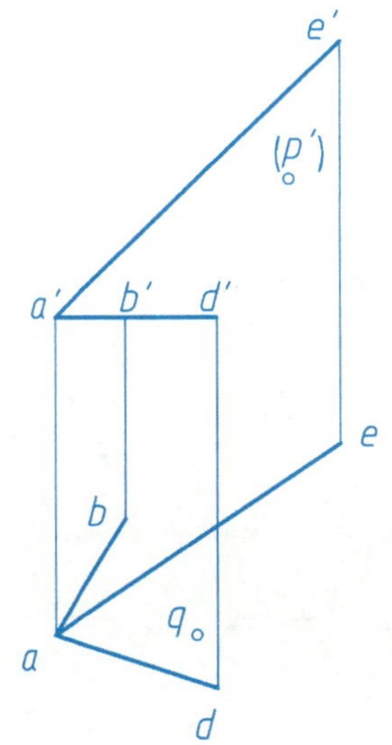

1. 作出下列各立体的第三面投影，并补全立体表面上点和线的其余投影。

(1)

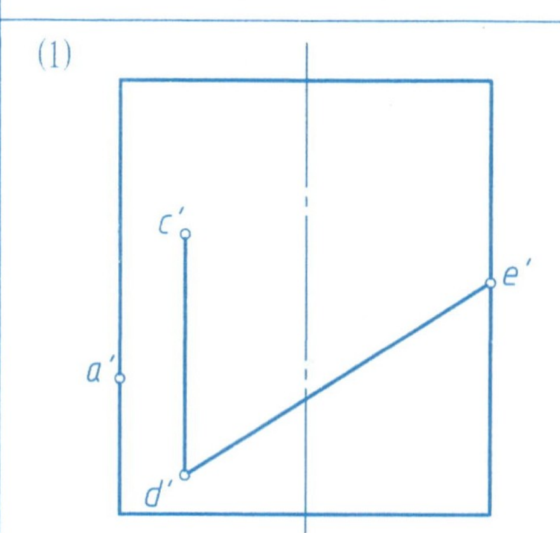

(2)

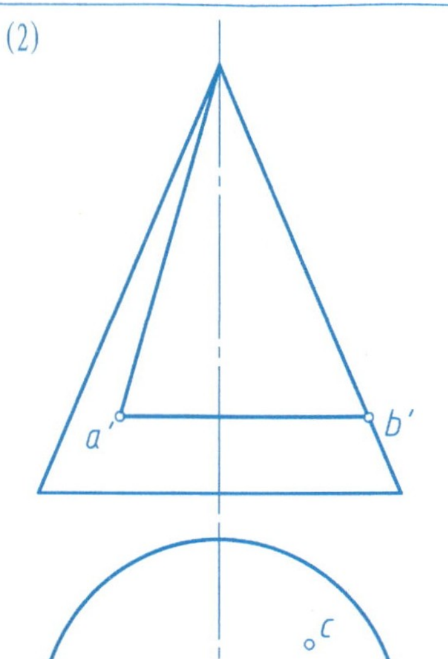

(3)

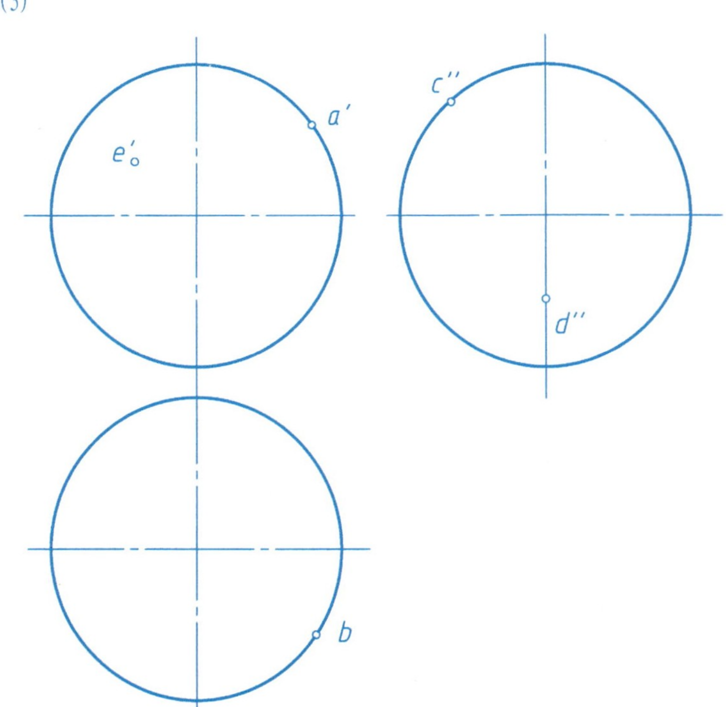

2. 完成1/4圆球的三面投影。

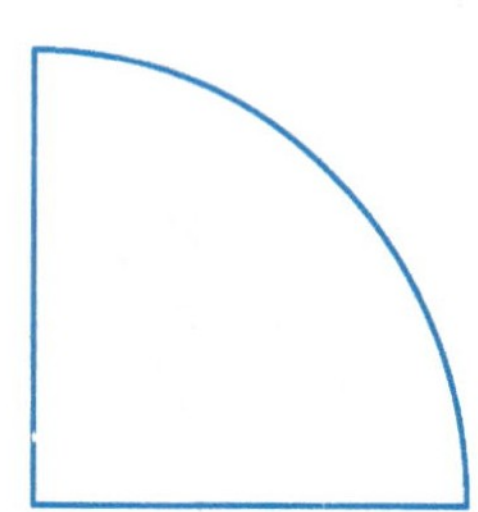

3. 完成1/4圆锥台的三面投影。

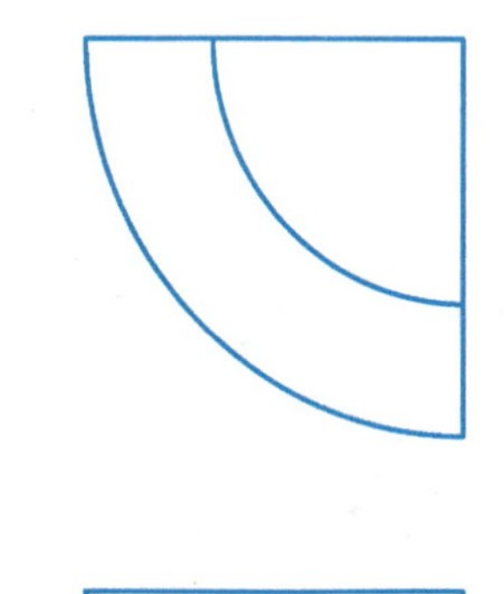

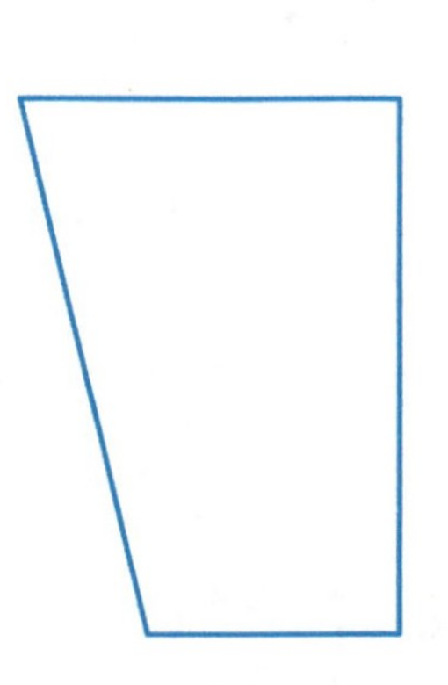

4. 完成圆环面上点A、B的水平投影。

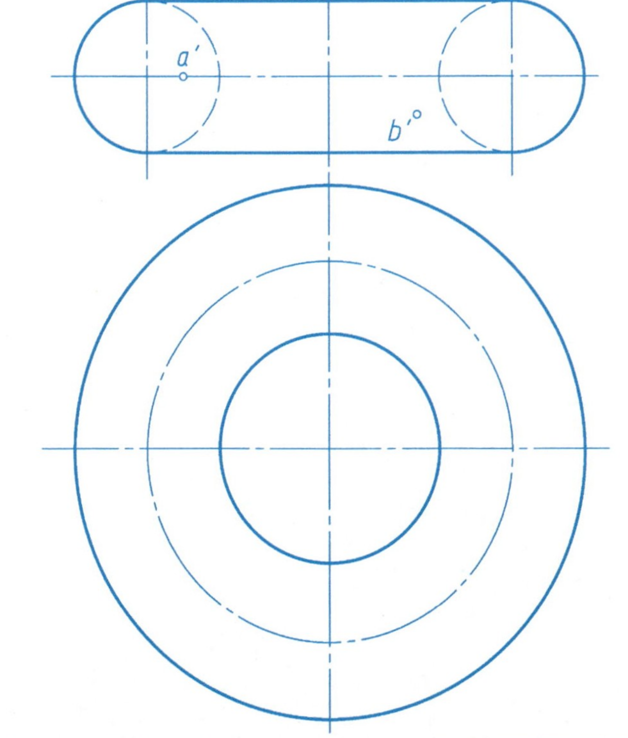

班级　　　　姓名　　　　学号

1. 完成截切立体的三面投影，并求截断面的实形。

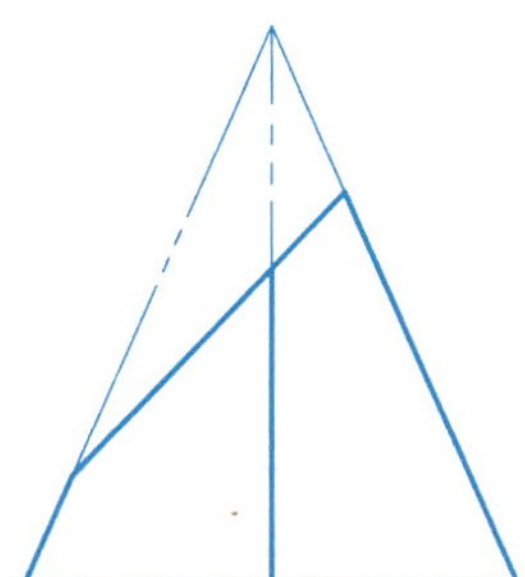
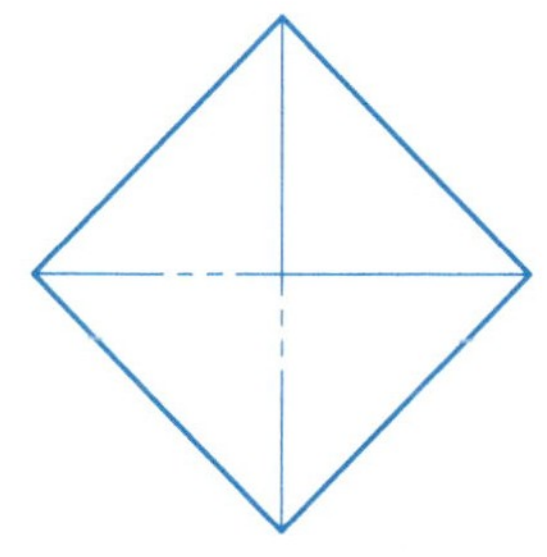

2. 完成截切立体的侧面投影。

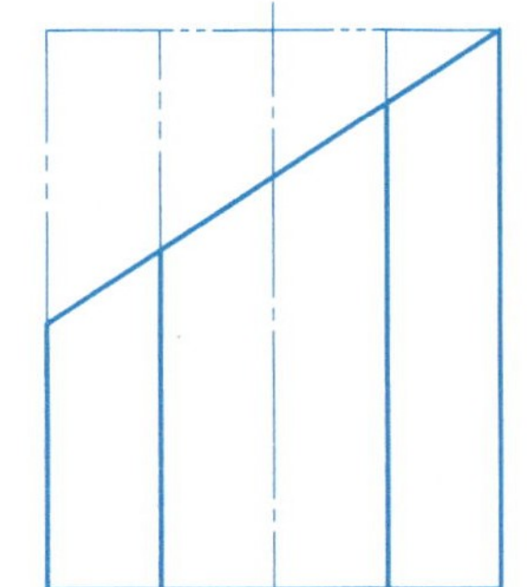
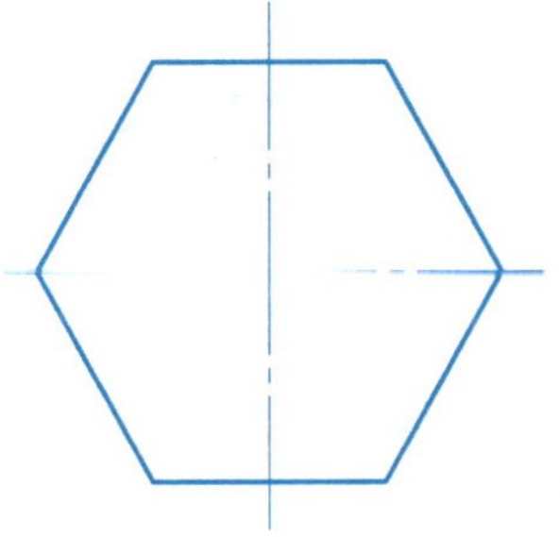

3. 完成截切立体的三面投影。

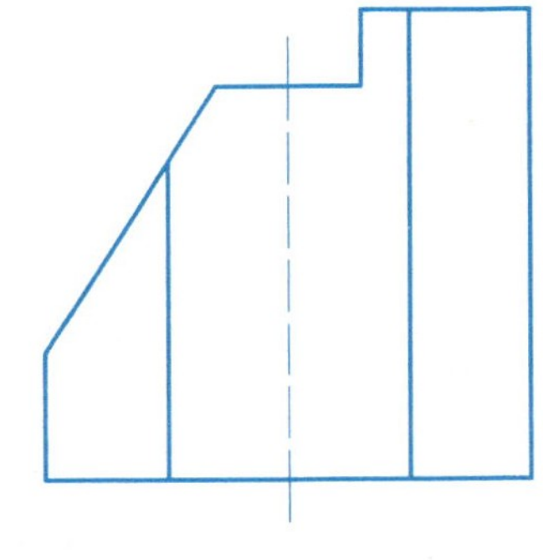
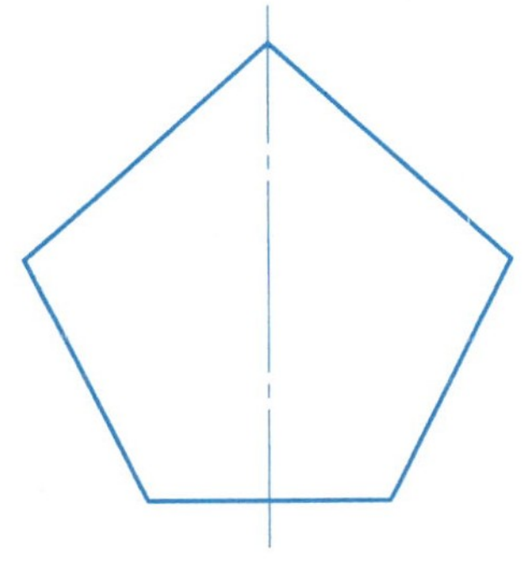

4. 完成切口三棱锥的三面投影。

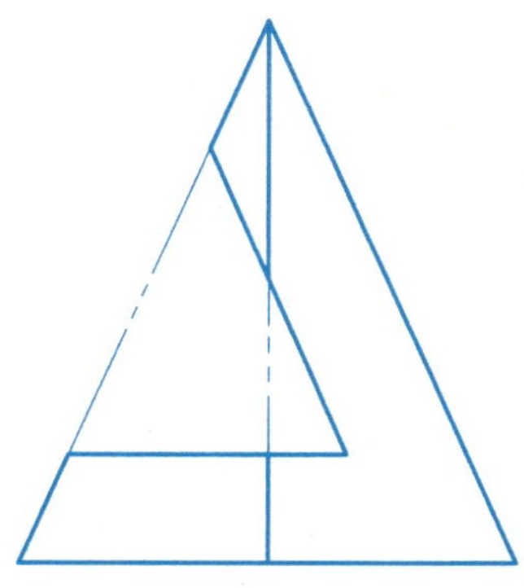
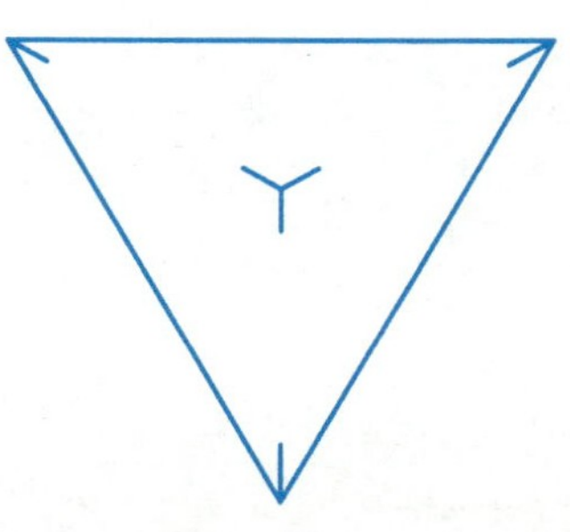

5. 完成截切六棱锥台的三面投影。

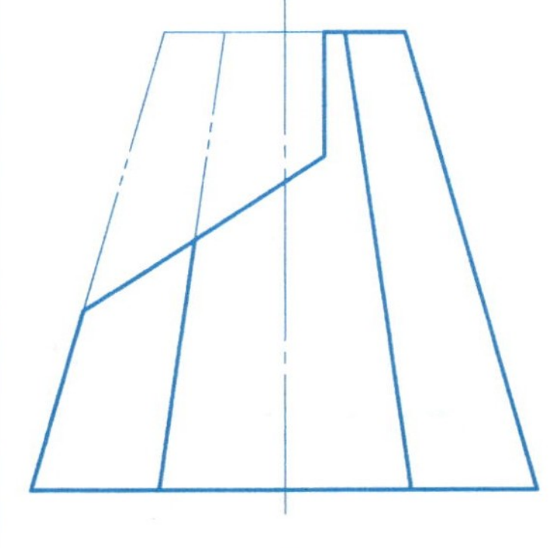
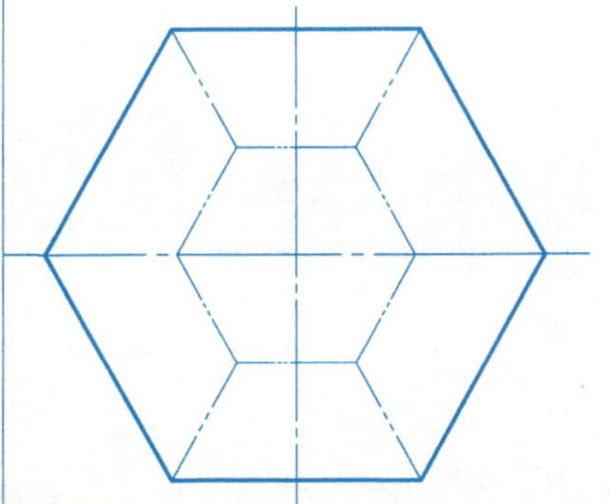

6. 完成切口立体的三面投影。

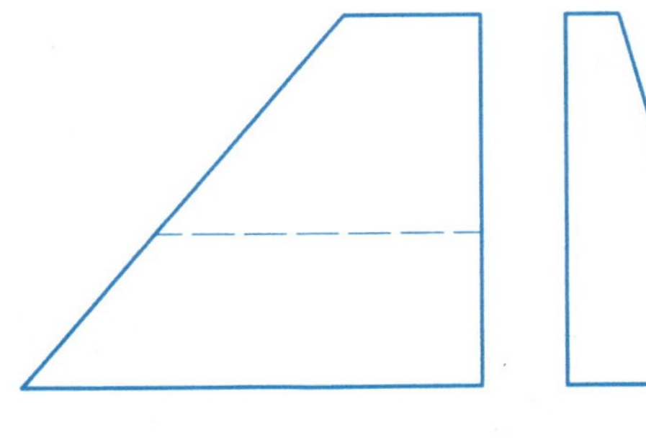

班级　　姓名　　学号

7.分析下列圆柱被平面截切后所形成的截交线的形状和位置，并完成其三面投影。

(1)

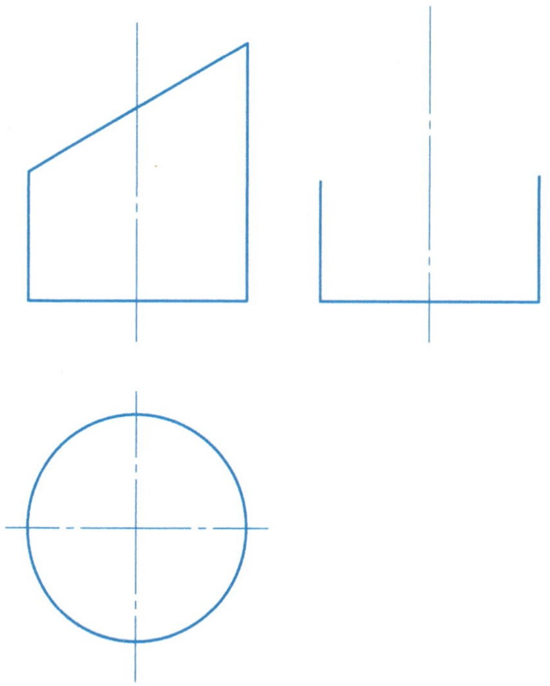

(2)

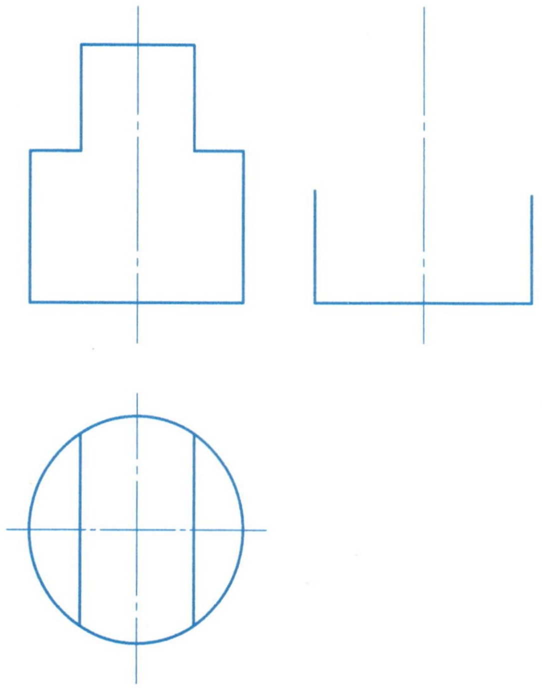

(3)

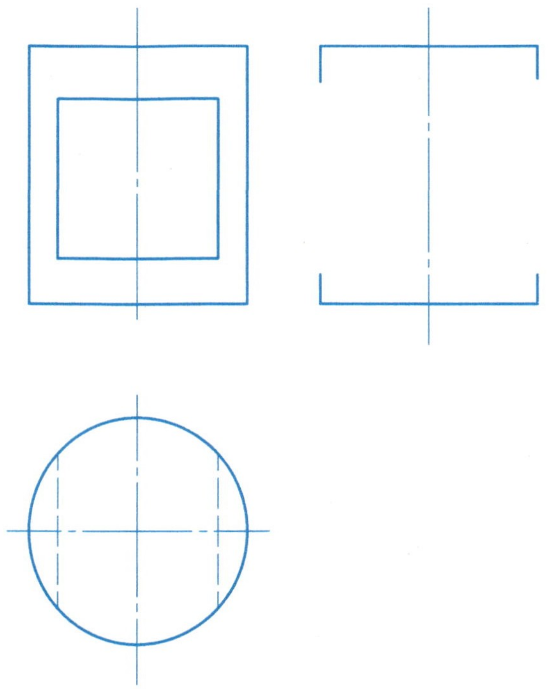

(4)

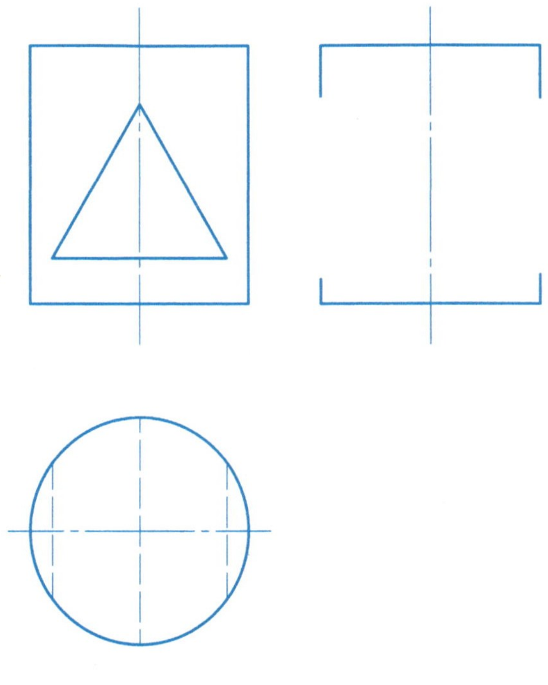

(5)

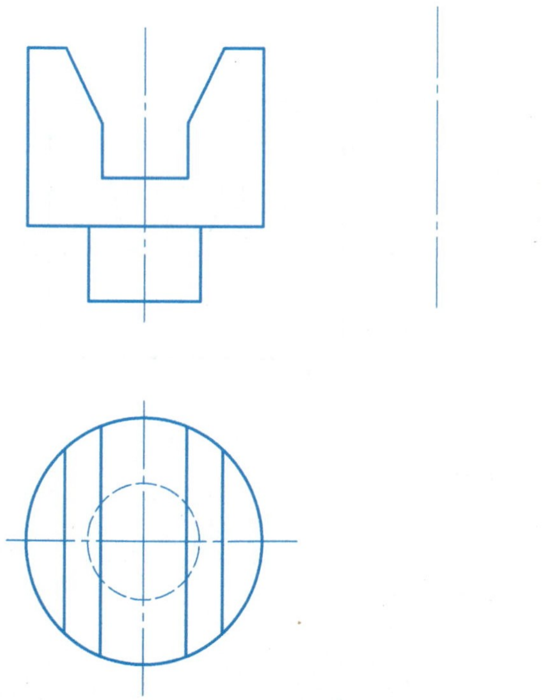

(6)

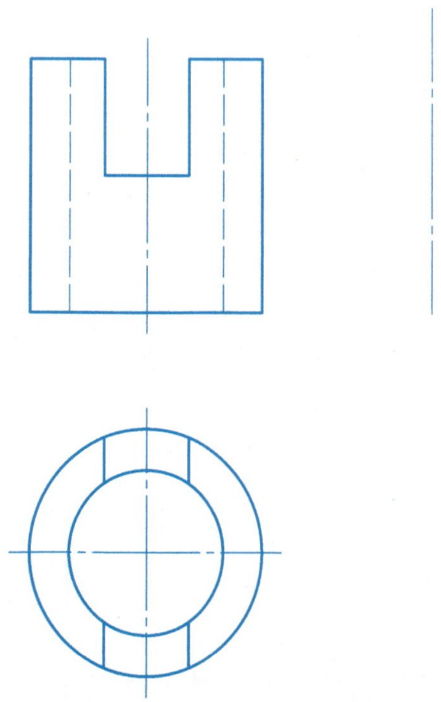

(7)

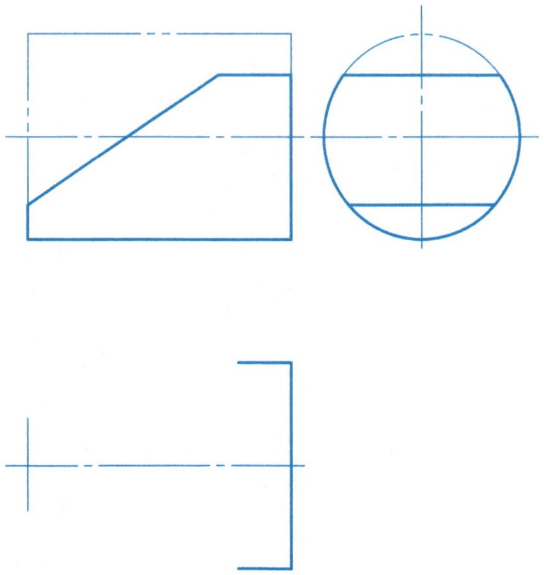

(8)

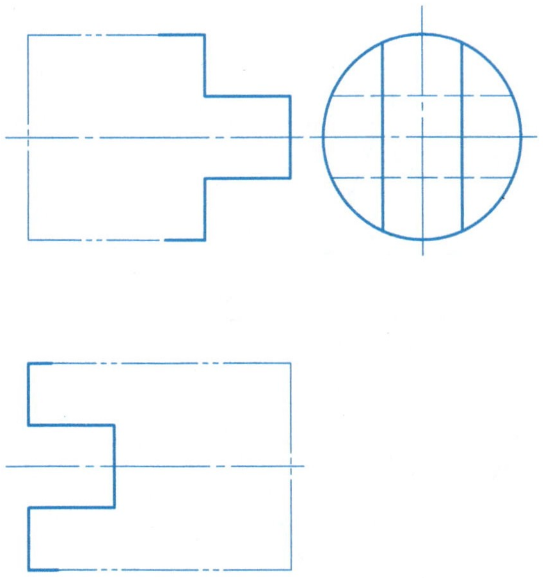

8. 分析下列圆柱与圆锥被平面截切后所形成的截交线的形状和位置，并完成其三面投影。

(1)

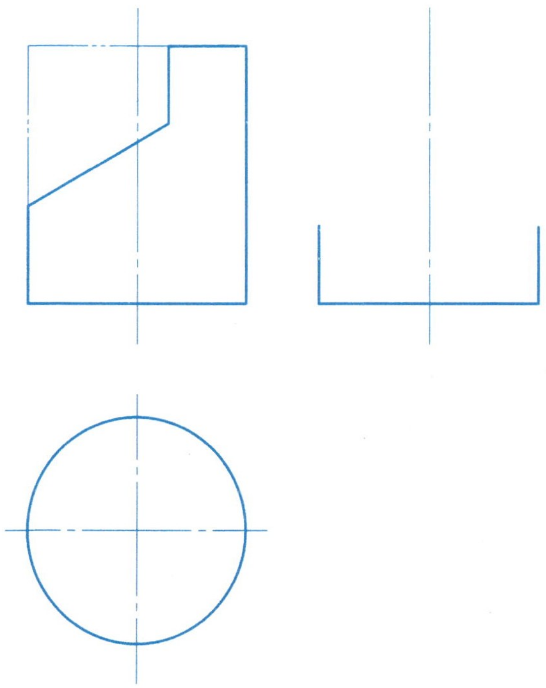

(2)

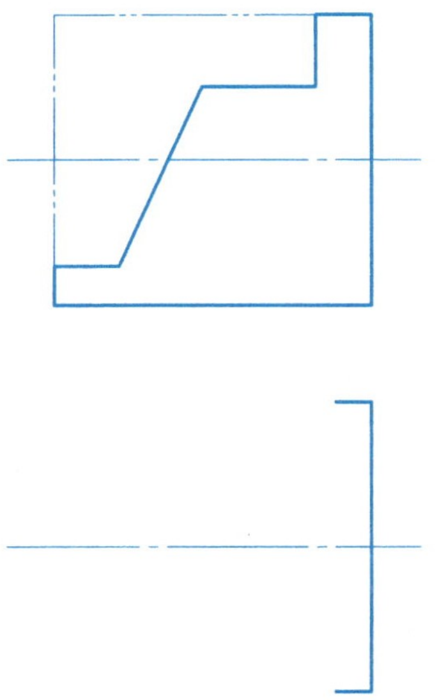

(3)

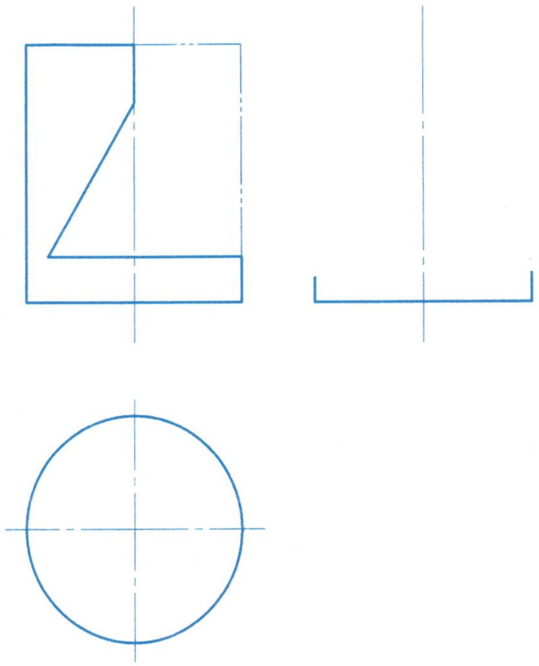

(4)

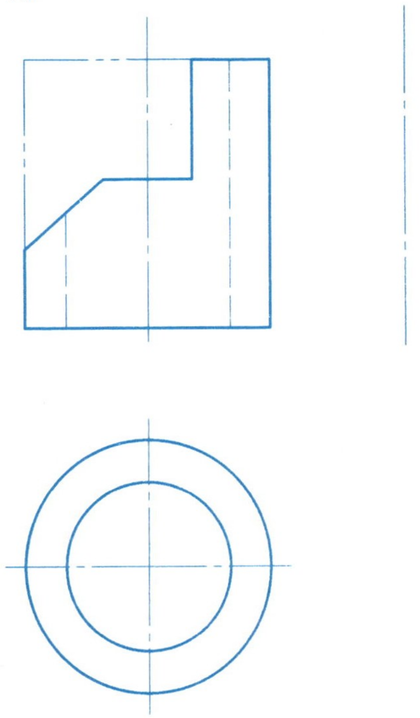

(5)

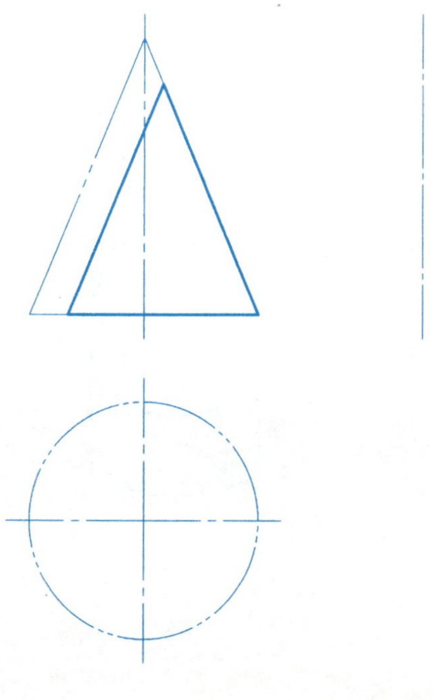

(6)

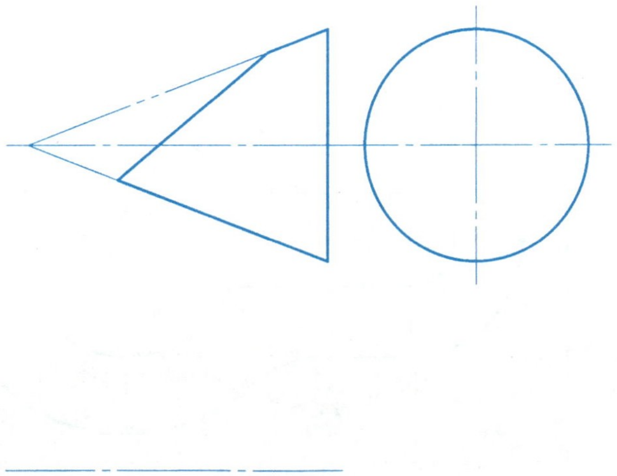

(7)

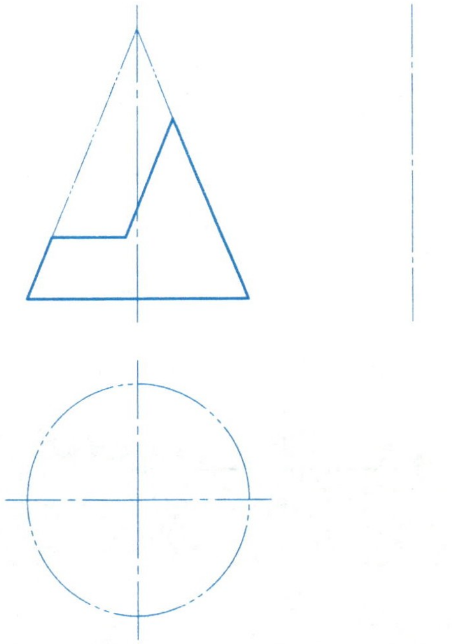

(8)

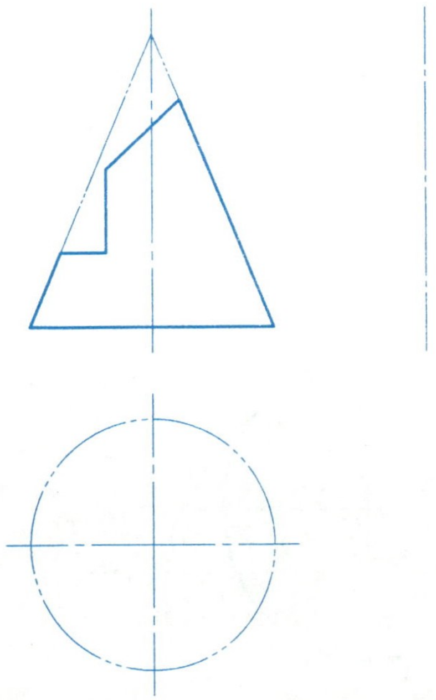

班级　　姓名　　学号

9. 分析下列回转体被平面截切后所形成的截交线的形状和位置，并完成它们的三面投影。

(1)

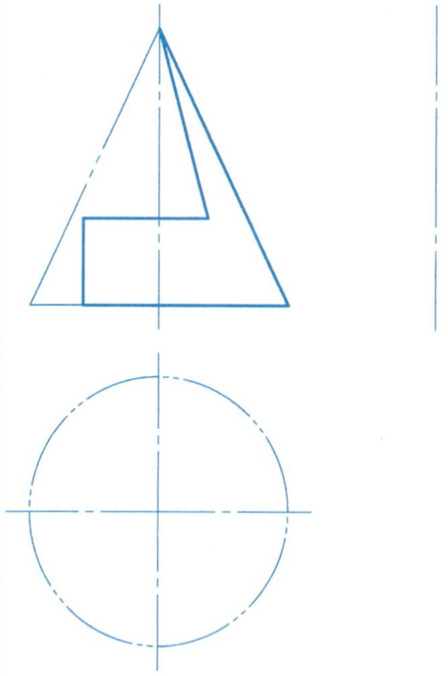

(2)

(3)

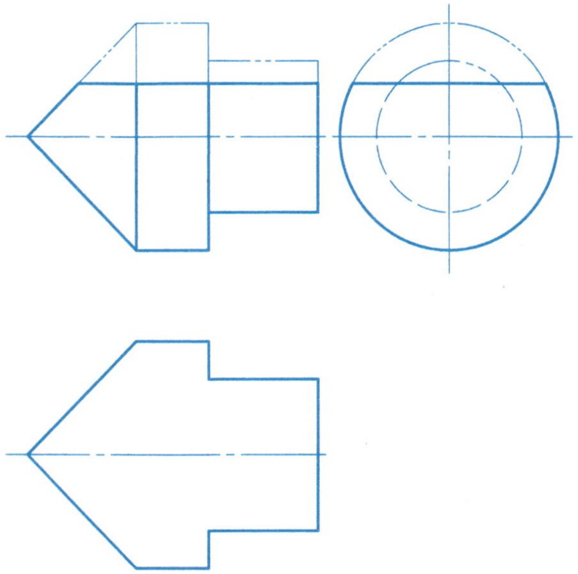

(4)

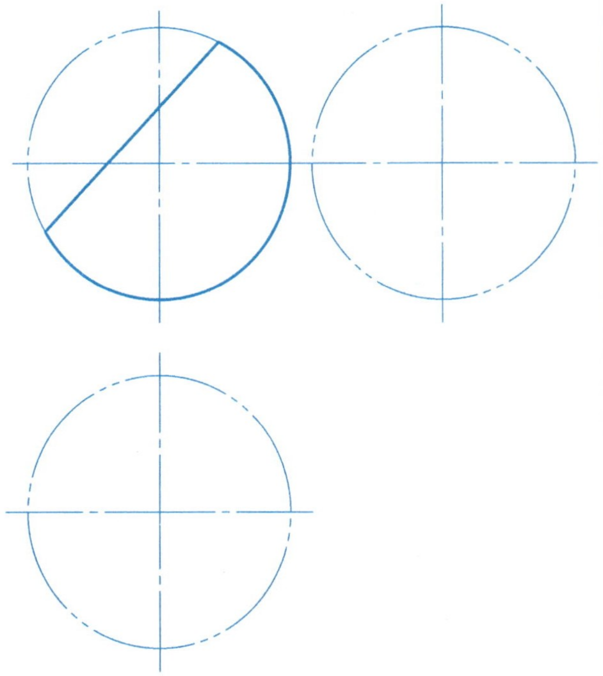

(5)

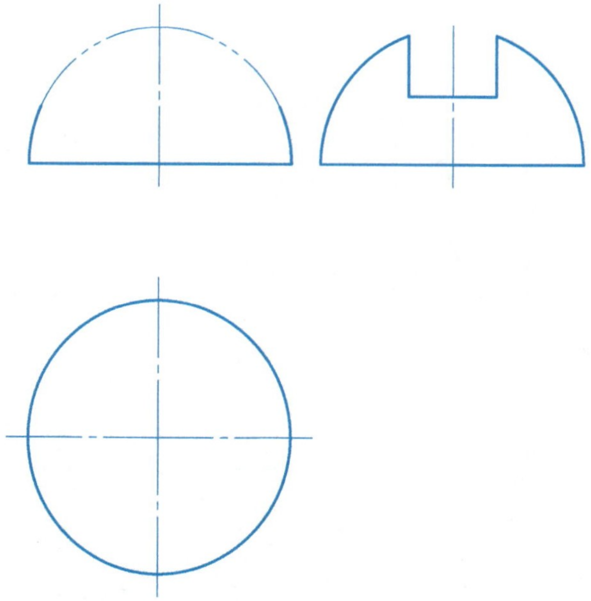

(6)

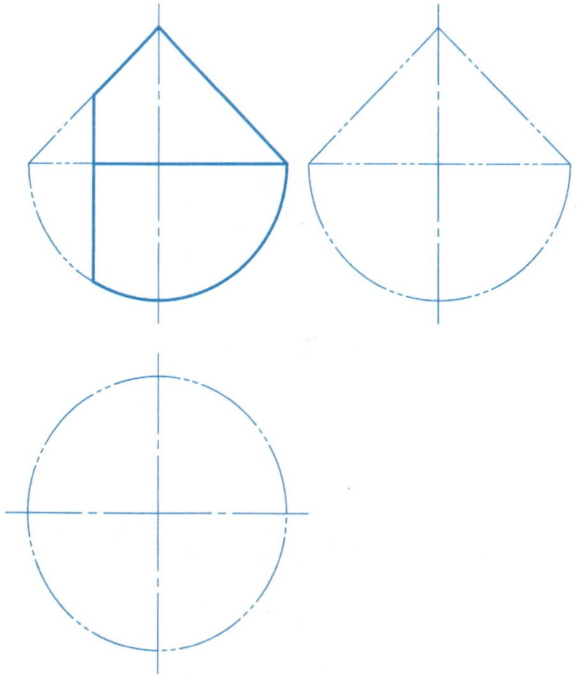

10. 补全拉杆正面投影中所缺的截交线。

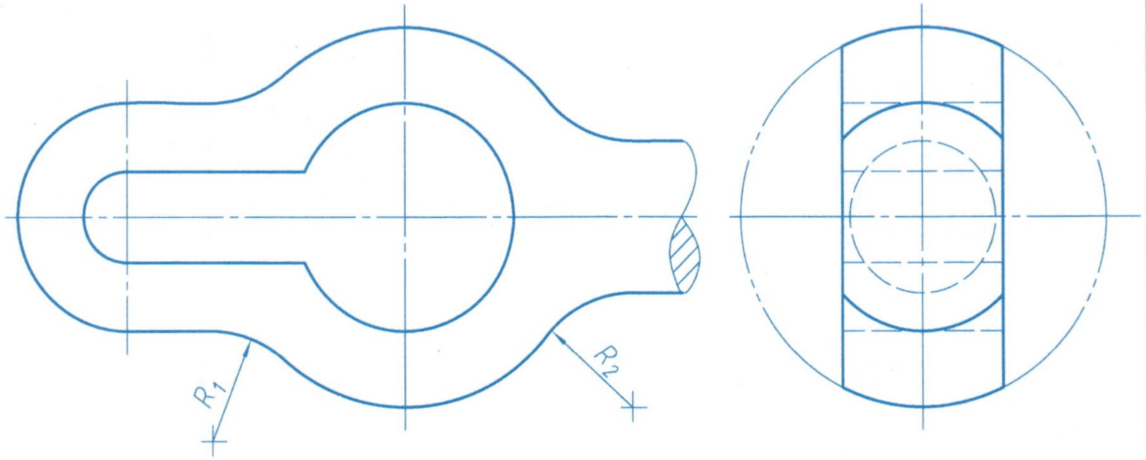

R_1

R_2

十、平面与立体相交（五）

班级　　　　姓名　　　　学号

11. 根据立体的两面投影，完成第三面投影。

(1)

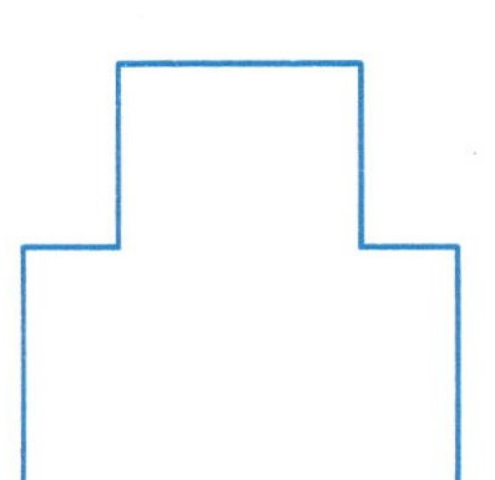

(2)

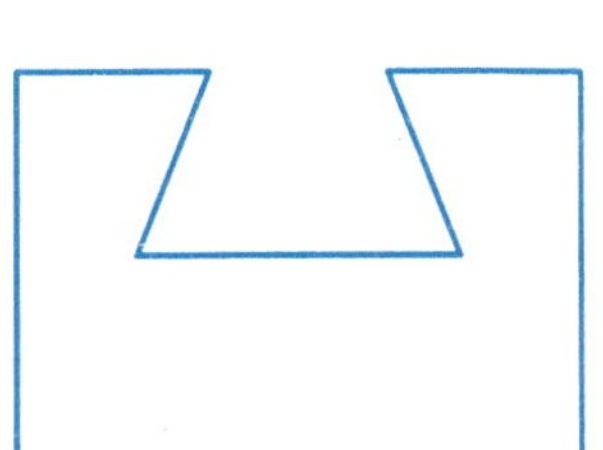

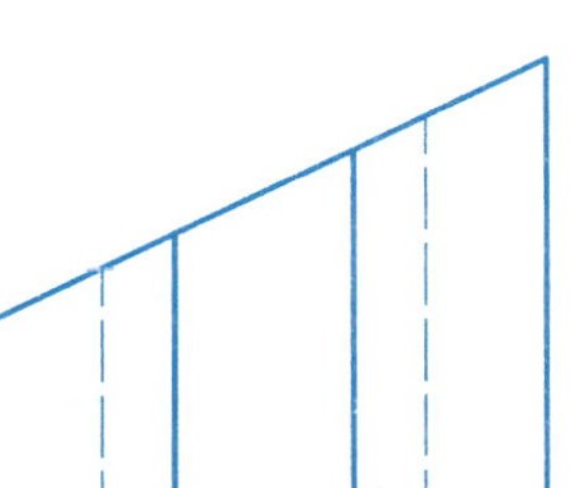

12. 完成穿孔立体的三面投影。

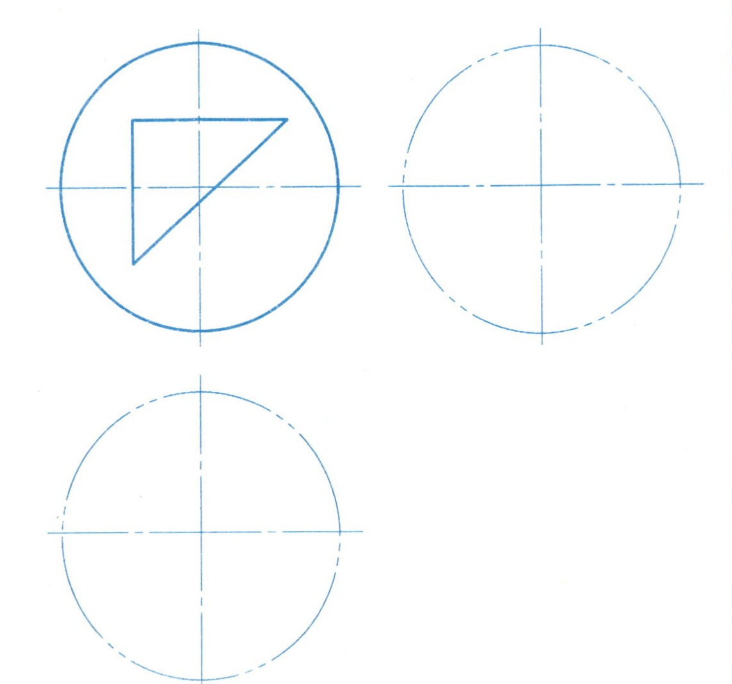

13. 完成截切立体的三面投影。

(1)

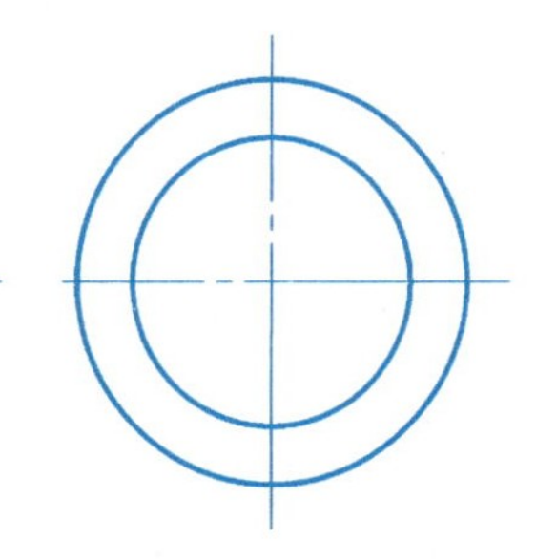

(2)

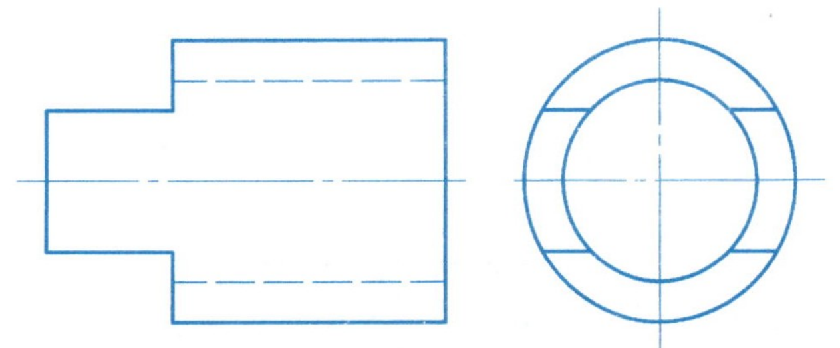

(3)

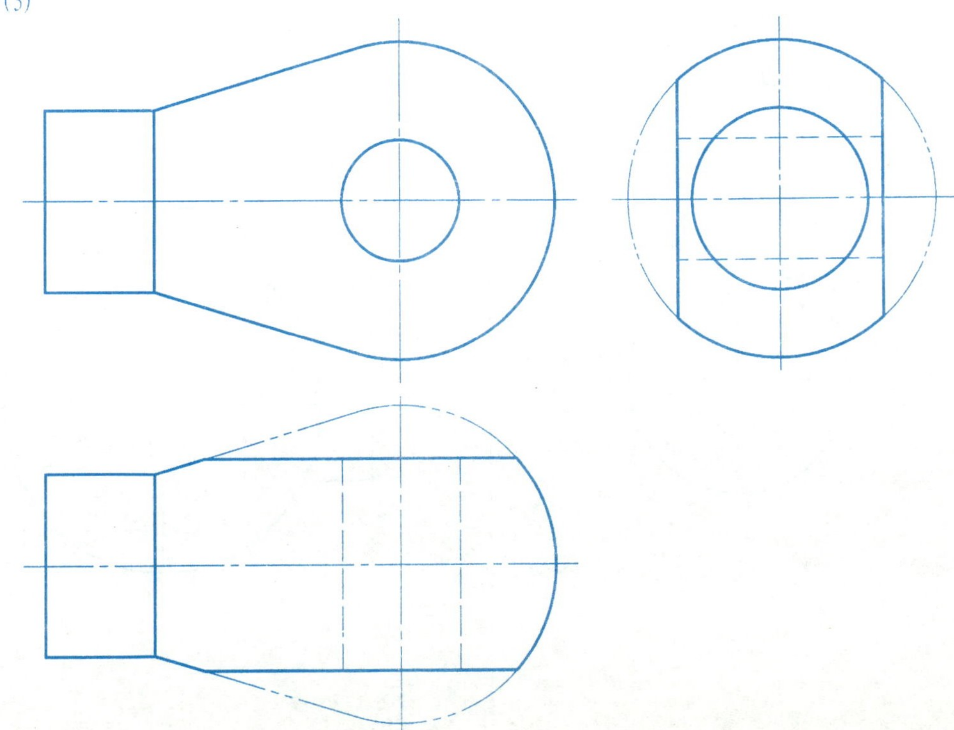

班级　　姓名　　学号

求直线与立体表面的贯穿点，并判别可见性。

(1)

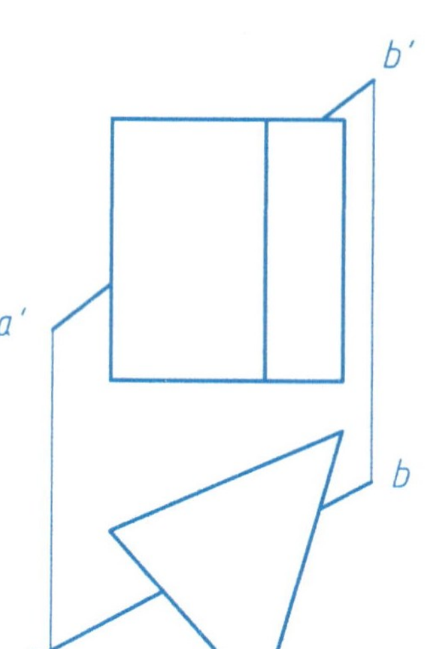

(2)

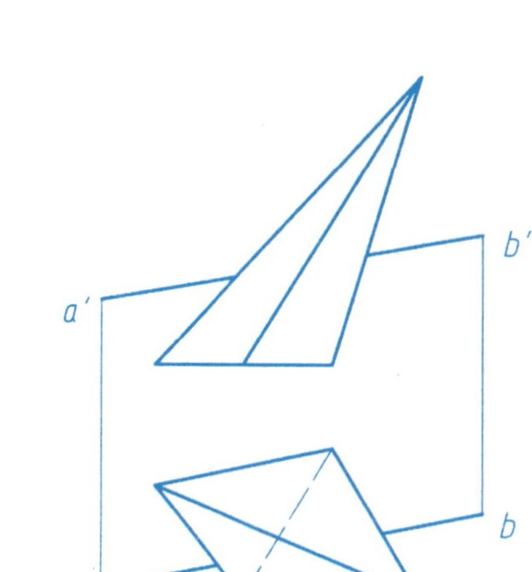

(3)

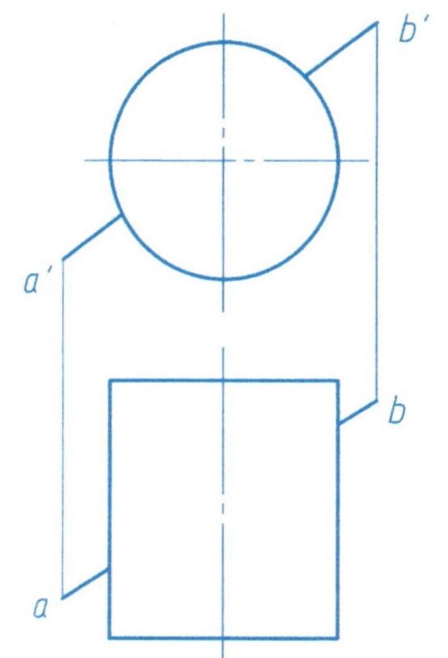

(4)

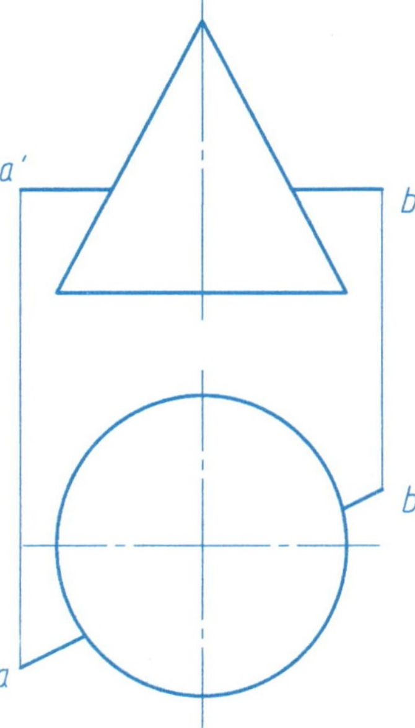

(5)

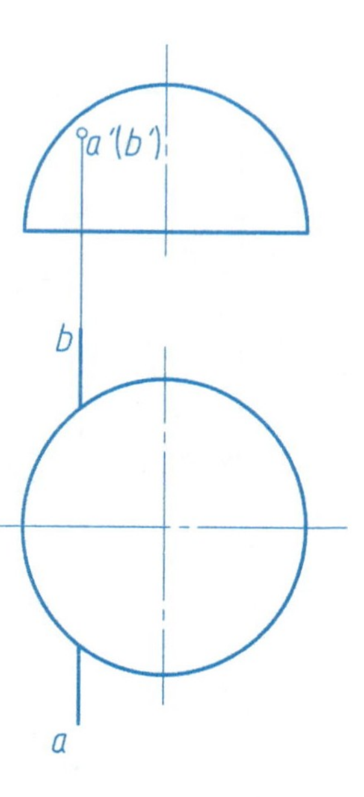

(6)

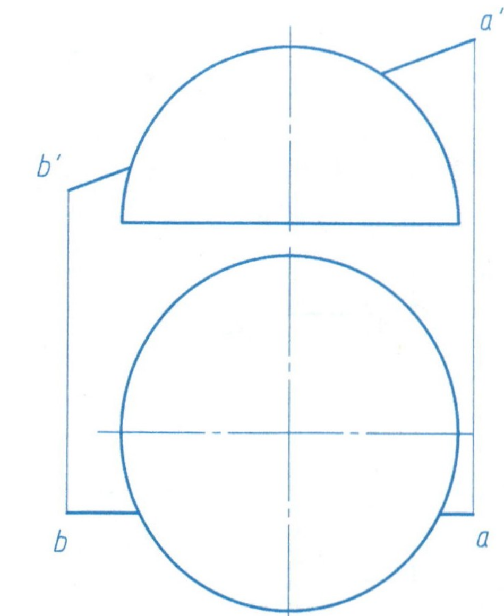

(7)

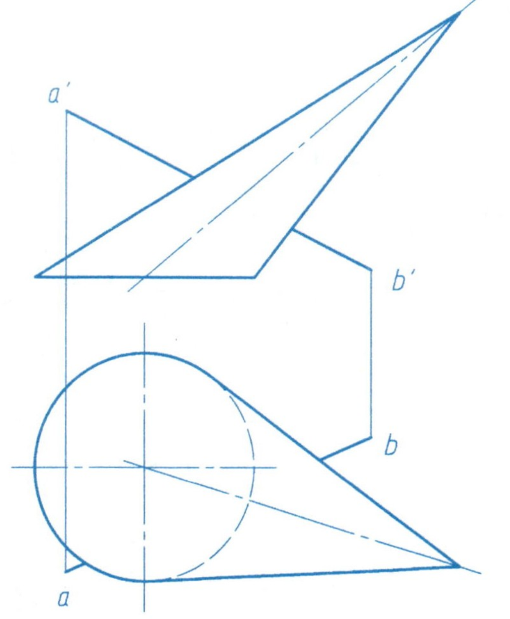

(8)

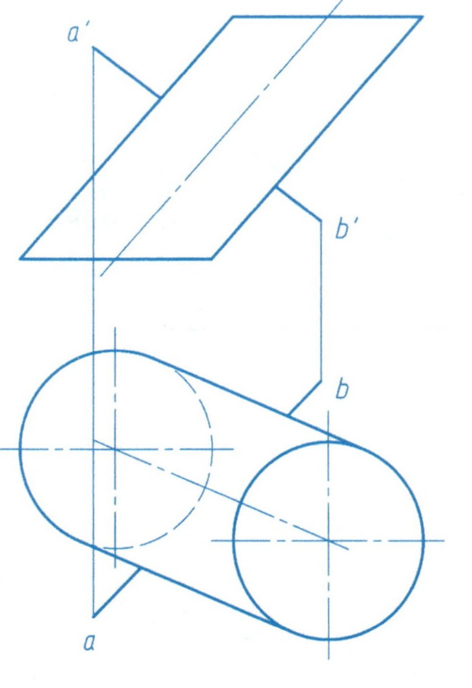

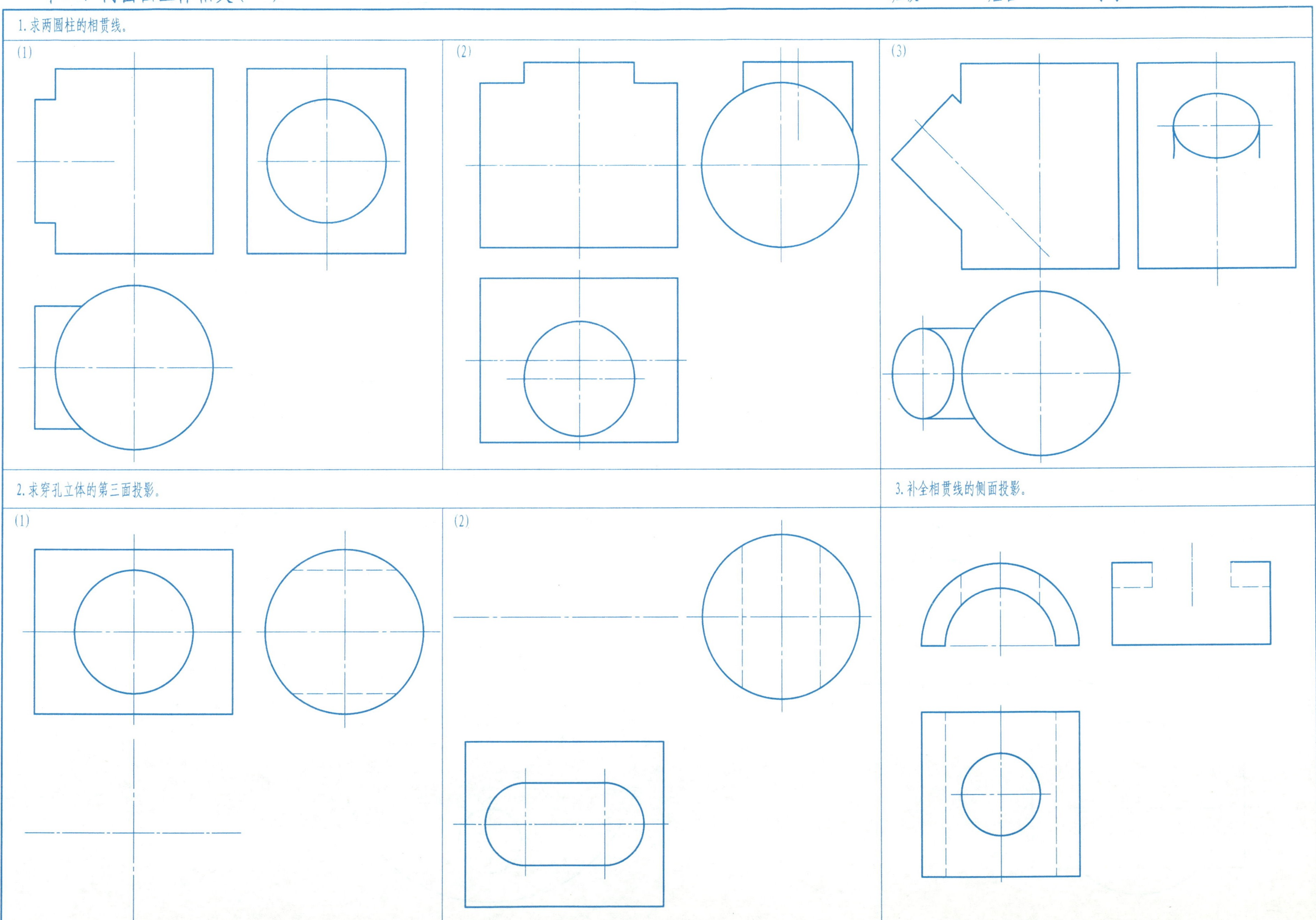
1. 求两圆柱的相贯线。
(1)
(2)
(3)
2. 求穿孔立体的第三面投影。
(1)
(2)
3. 补全相贯线的侧面投影。

4. 求相贯体的三面投影。

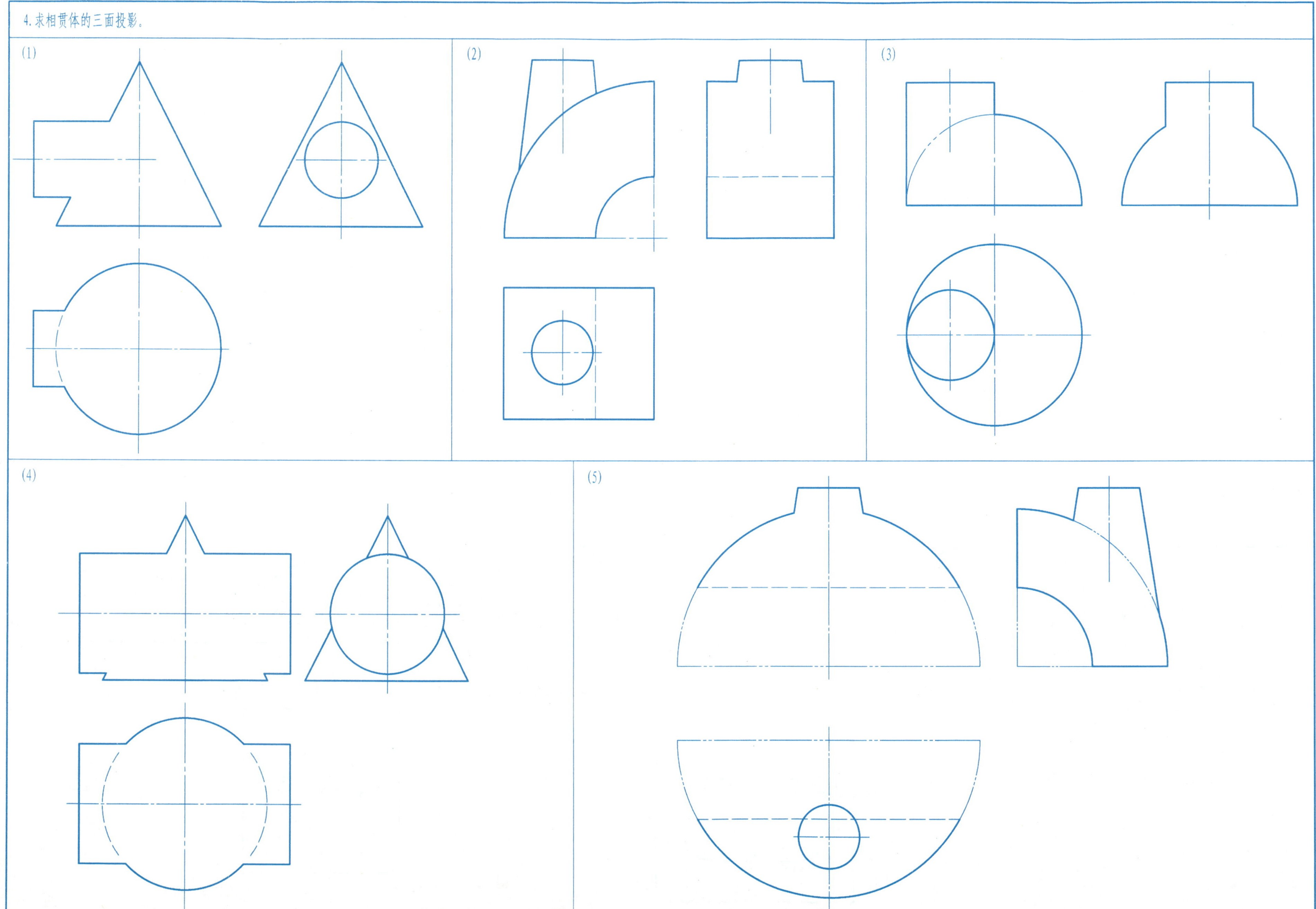

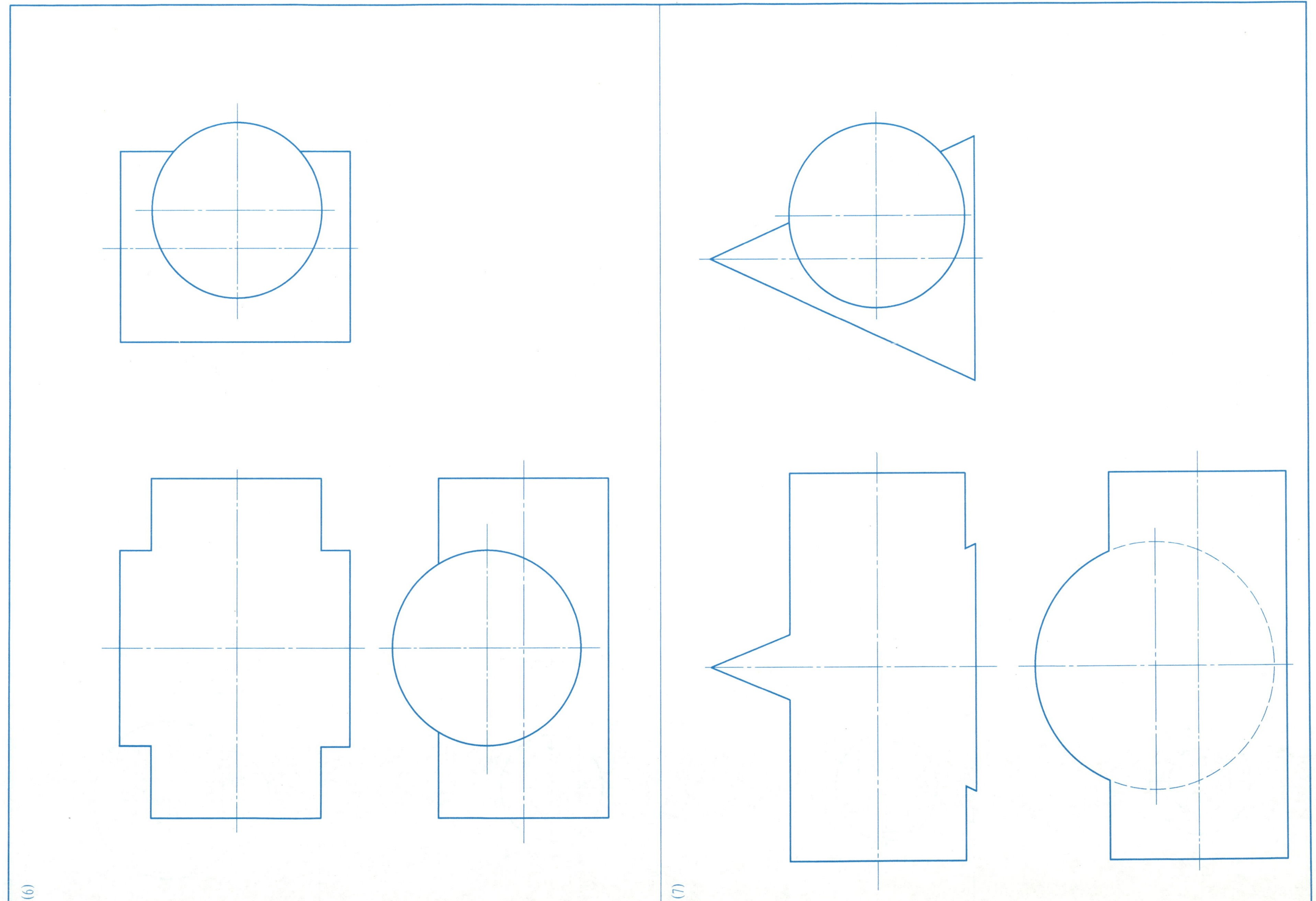
(6)
(7)

5. 完成立体的侧面投影。

(1)

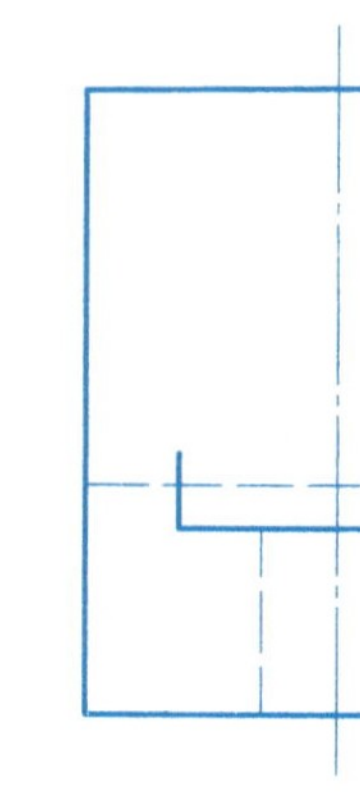

(2)

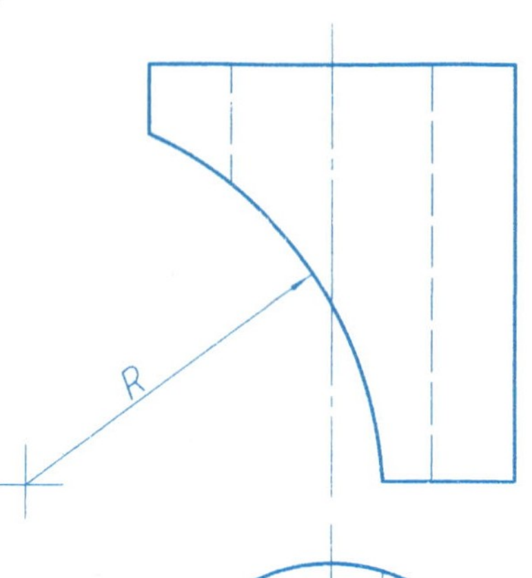

(3)

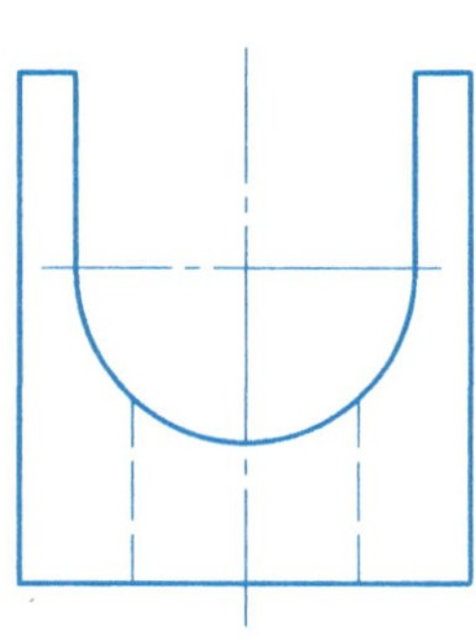

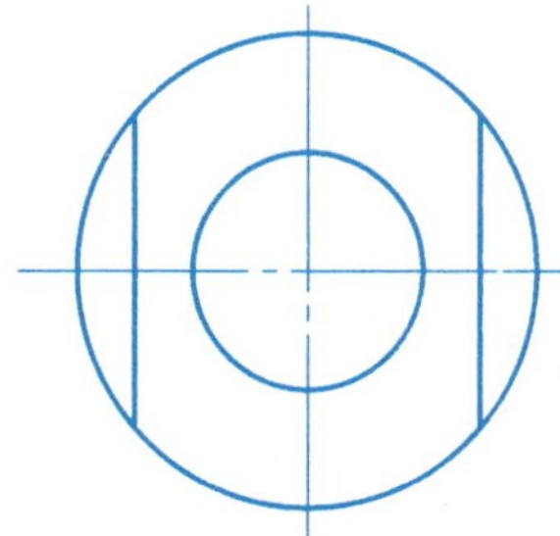

(4)

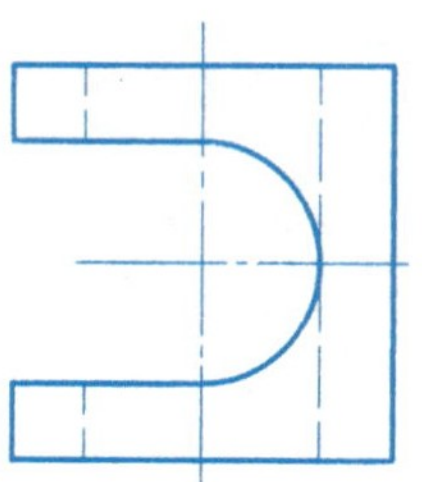

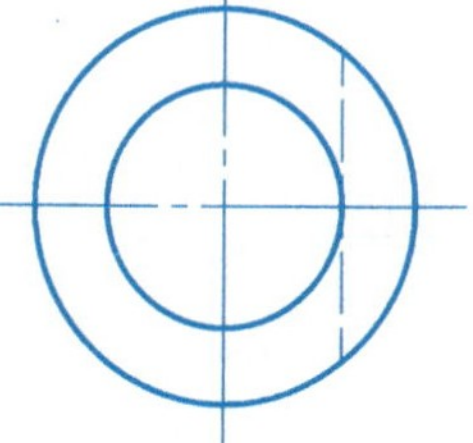

(5)

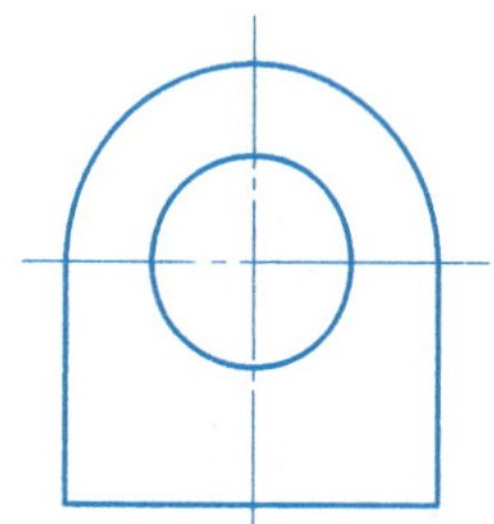

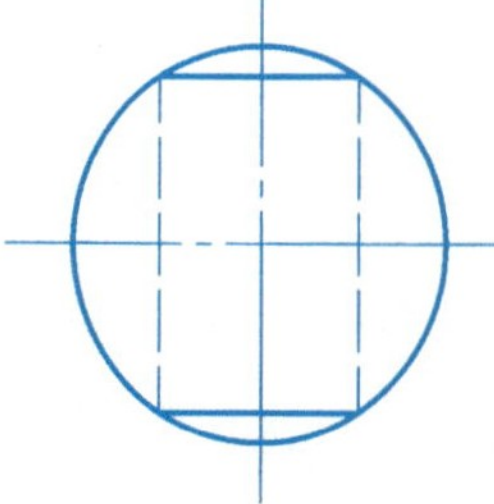

(6)

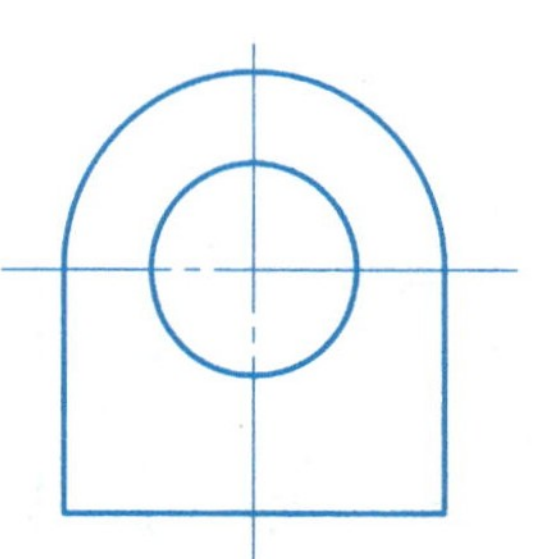

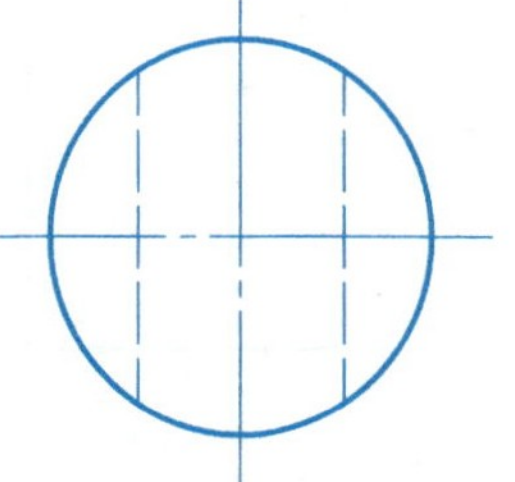

6. 求相贯体的两面投影。

(1)

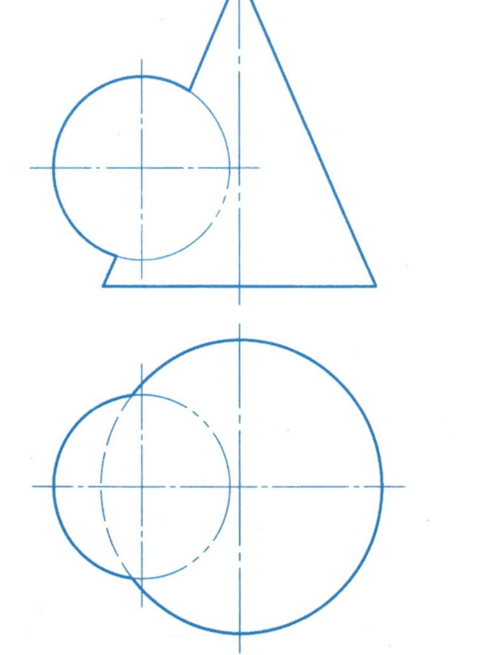

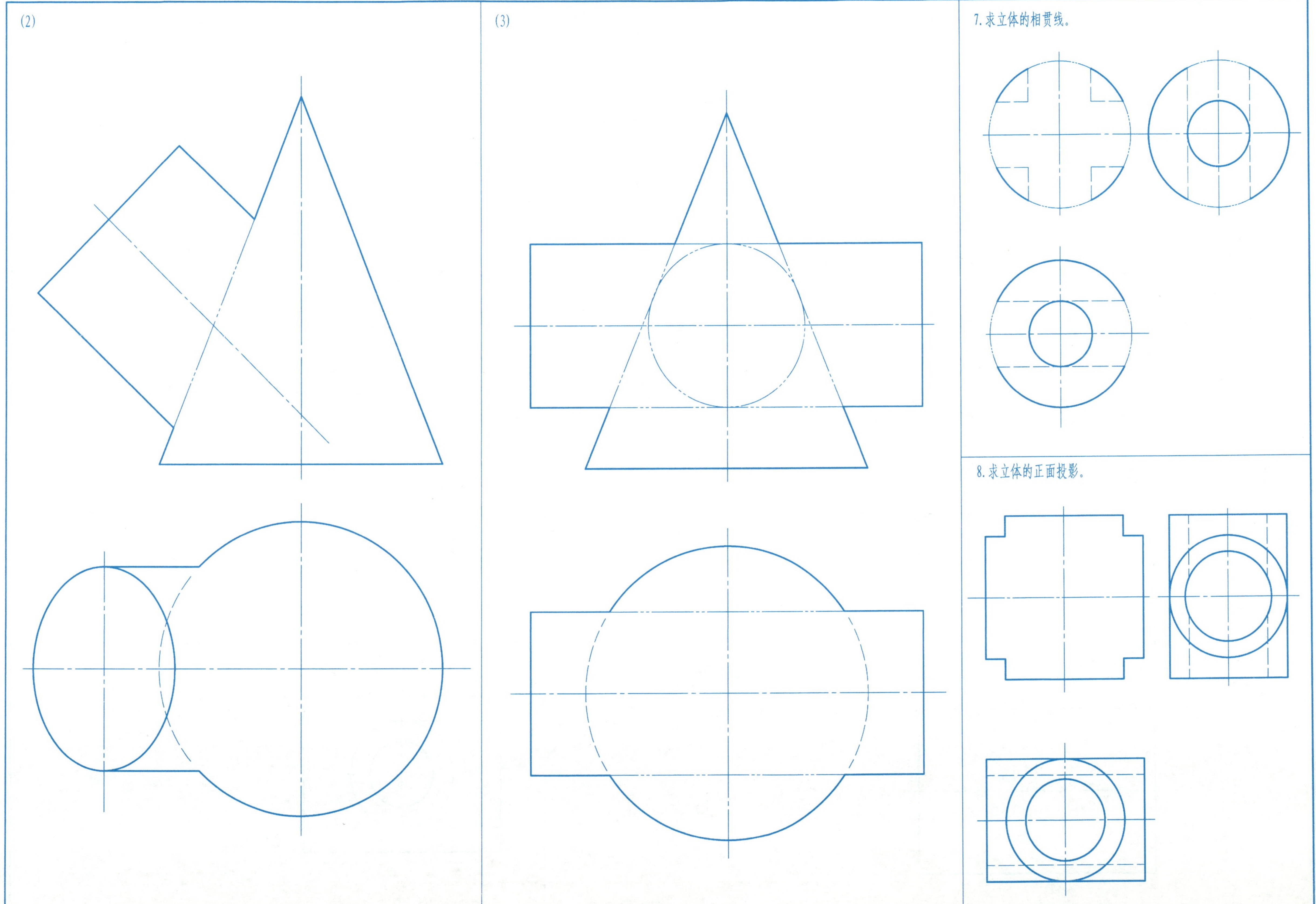
(2)
(3)
7.求立体的相贯线。
8.求立体的正面投影。

9. 求穿孔立体的三面投影。

(1)

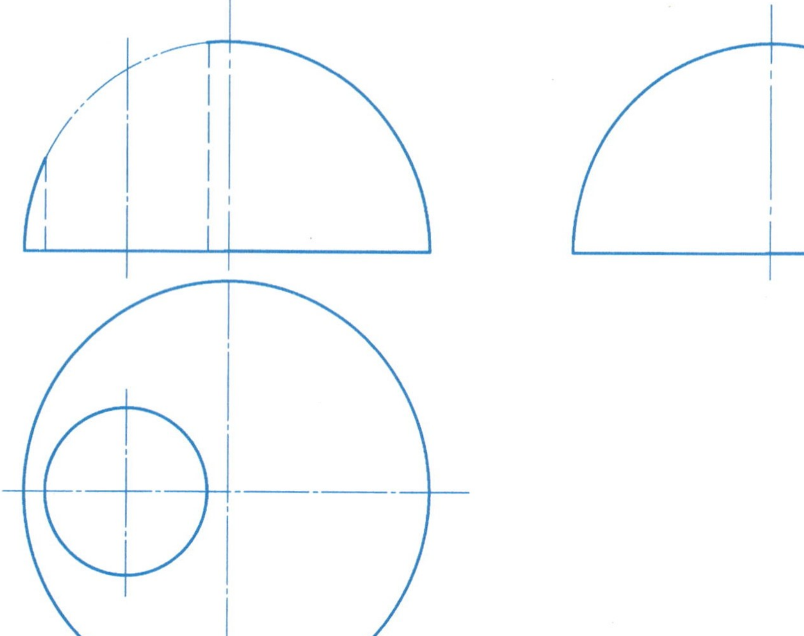

(2)

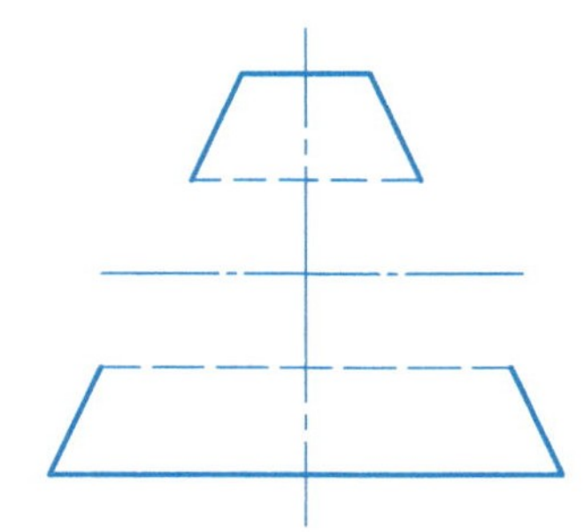

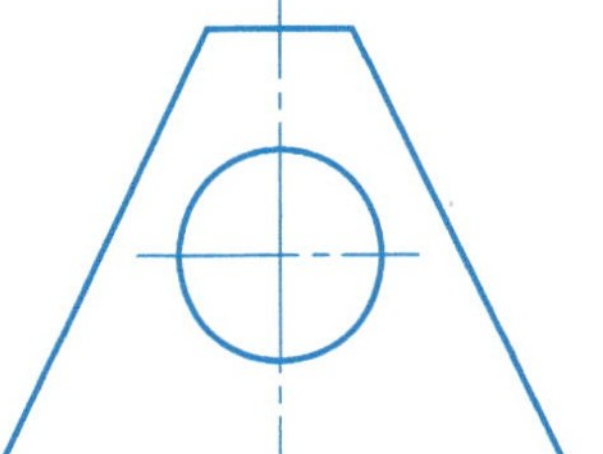

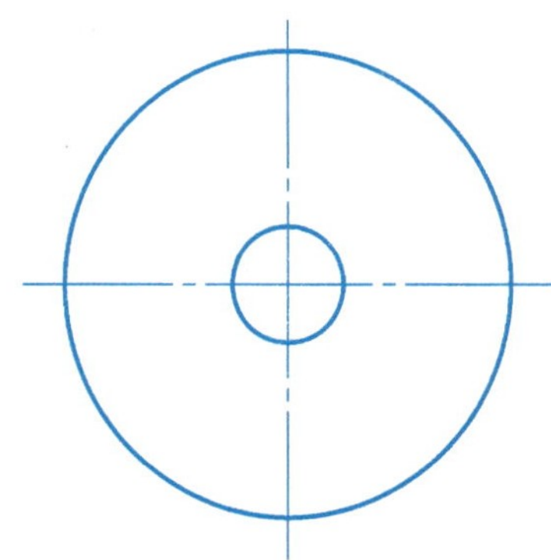

10. 已知圆柱上有一圆锥孔，完成其三面投影。

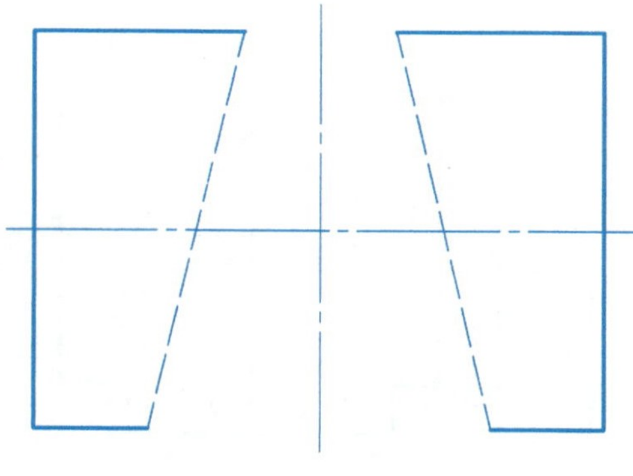

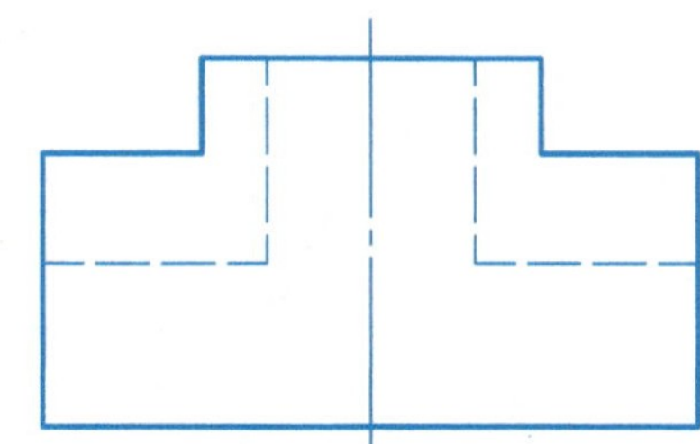

11. 完成立体的投影。

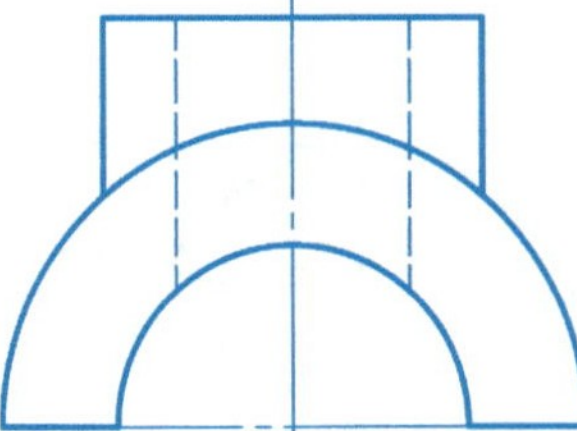

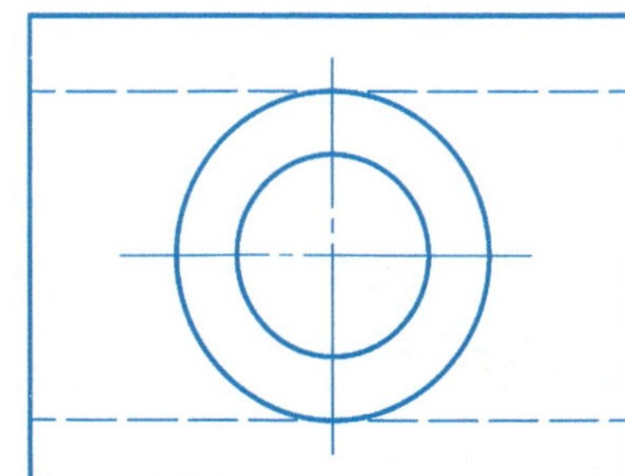

十三、复合相贯

班级　　　　姓名　　　　学号

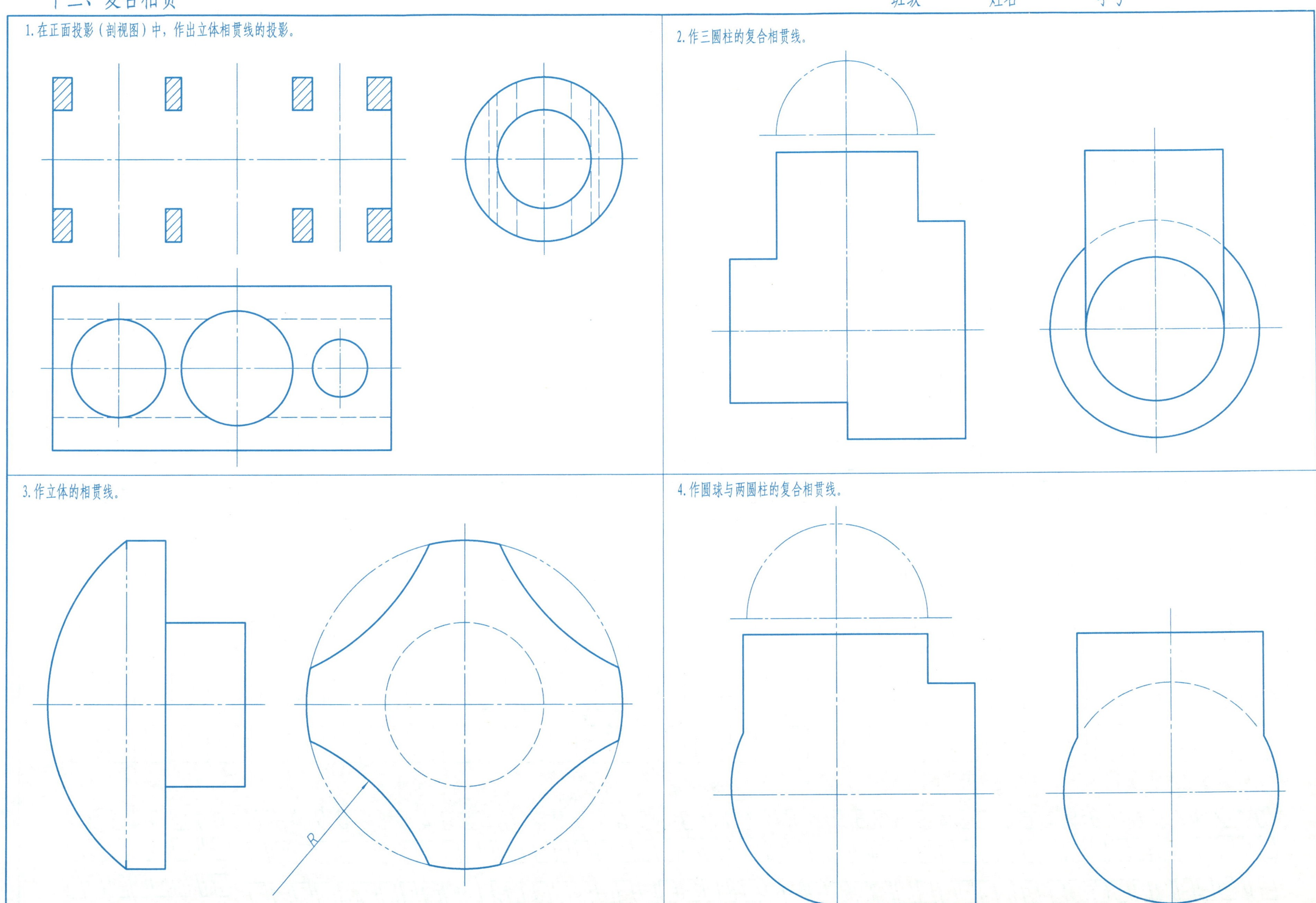

班级　　姓名　　学号

钅火石车虫礻讠王阝刂攵辶宀广钅火石车虫礻讠王阝刂攵辶宀广钅火石车虫
机械制图校核审定比例姓名材料机械制图校核审定比例姓名材料机械制图校
班级技术要求件张序号其余旋转班级技术要求件张序号其余旋转班级技术要
0123456789φ 0123456789φ RM 0123456789φ 0123456789φ RM 01234567

班级　　姓名　　学号

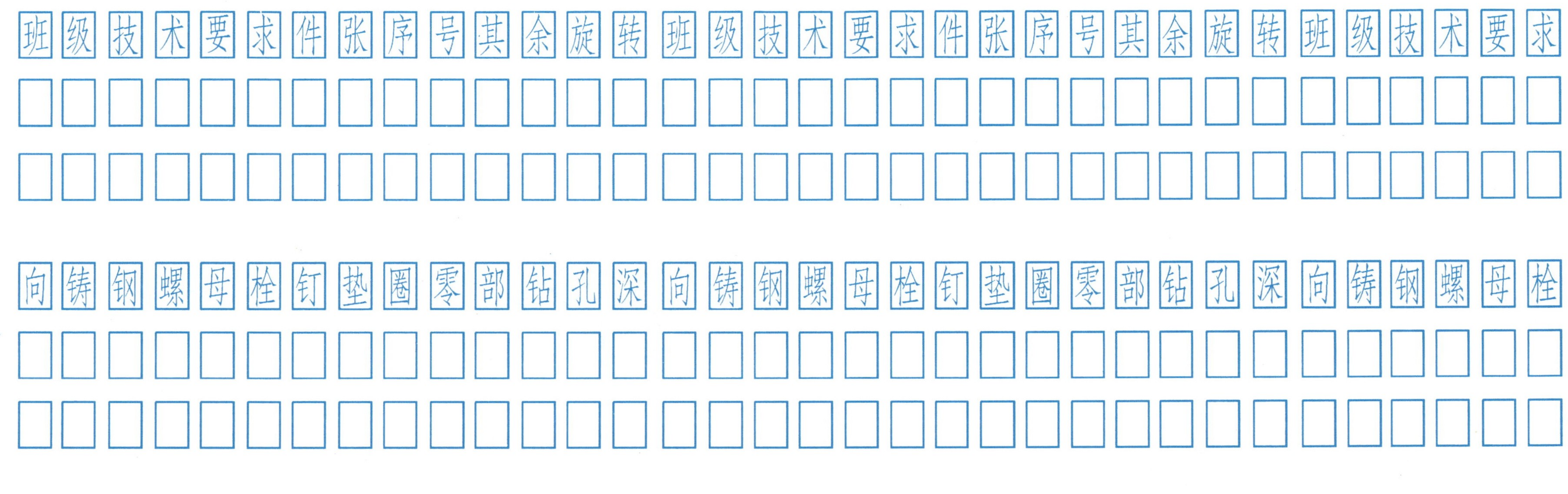

1 2 3 4 5 6 7 8 9 φ 0 1 2 3 4 5 6 7 8 9 φ R M　1 2 3 4 5 6 7 8 9 φ 0 1 2 3 4 5 6 7 8 9 φ R M　1 2 3 4 5 6 7 8 9 φ

a b c d e f g h i j k l m n o p q r s t u v w x y z　*a b c d e f g h i j k l m n o p q r s t u v w x y z*　*a b c d e f g h i j k l m n o p q*

A B C D E F G H I J K L M N O P Q R S T U V W X Y Z　*A B C D E F G H I J K L M N O P Q R S T U V W X Y Z*

1. 参照给定图线在指定位置补画图线。

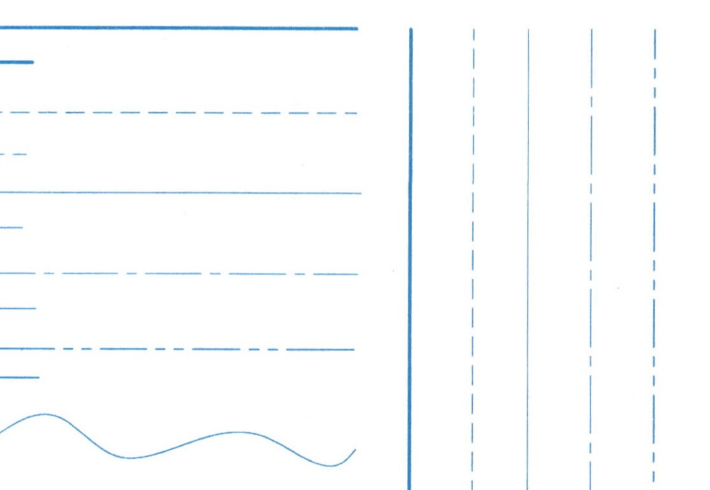

2. 在右侧照抄下面的图形。

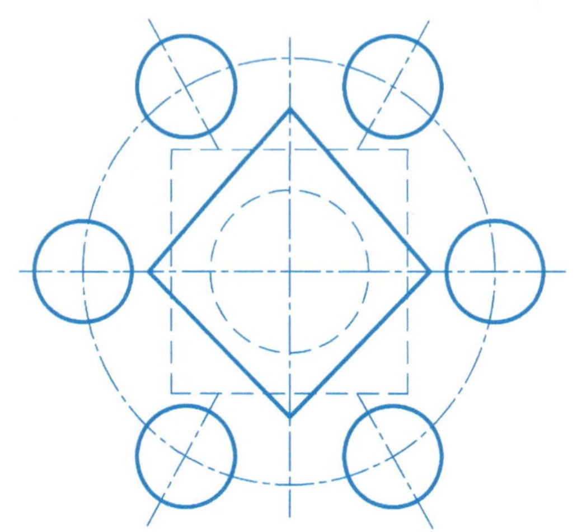

3. 指出尺寸注法的错误，并按正确的注法将尺寸标注在右边的图形上。

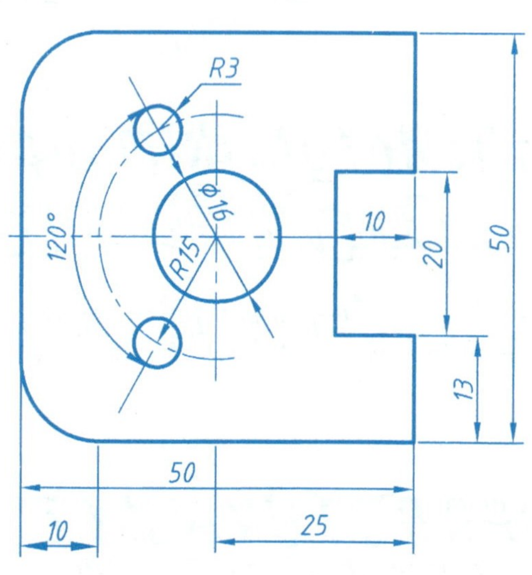

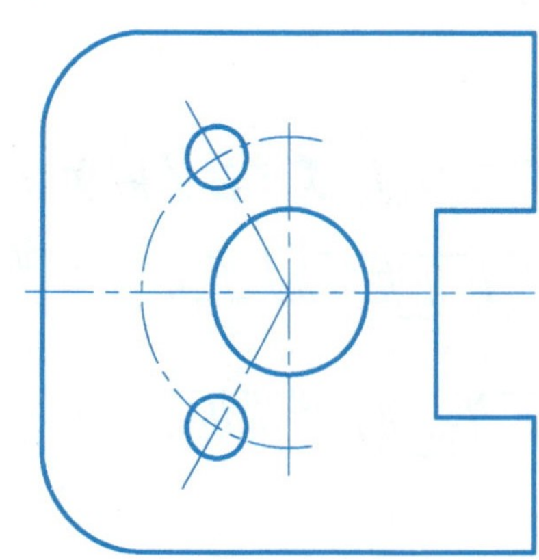

4. 参照所示图形，用1:5的比例画出图形，并标注尺寸。

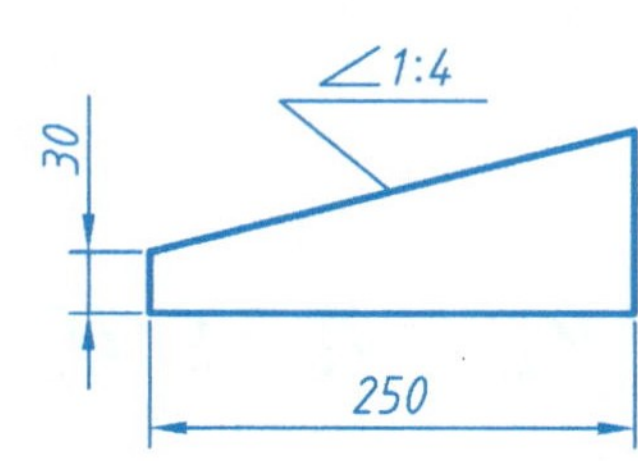

5. 参照所示图形，用1:1的比例画出图形，并标注尺寸。

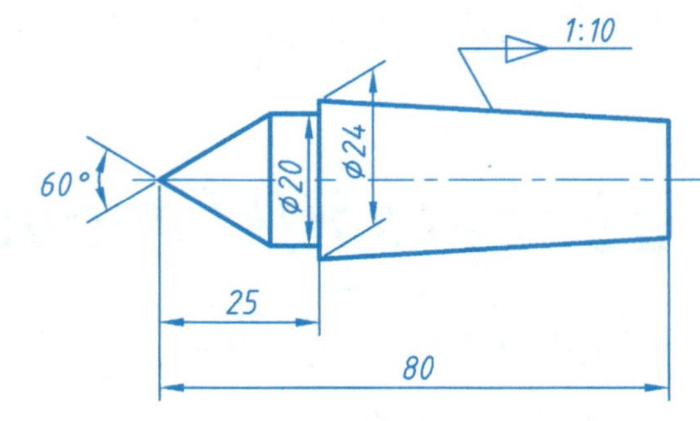

班级　　姓名　　学号

6. 将本习题集第32页上的图形徒手绘制出来。

7. 已知椭圆长、短轴分别为70mm、45mm，用同心圆法画椭圆。

8. 已知椭圆长、短轴分别为70mm、45mm，用四心圆法画椭圆。

10. 在平面图形上用1:1的比例量后标注尺寸（取整数）。

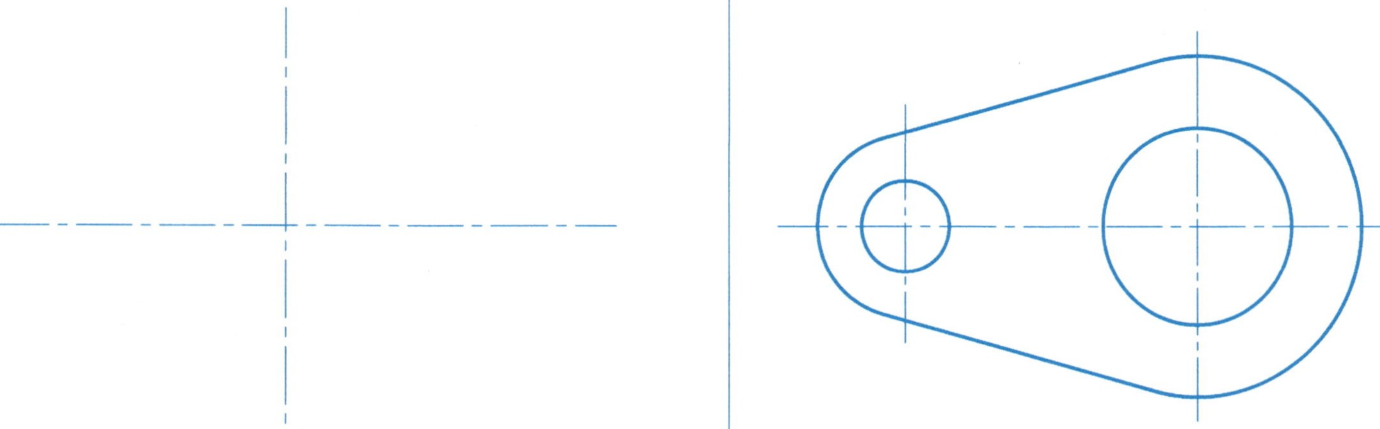

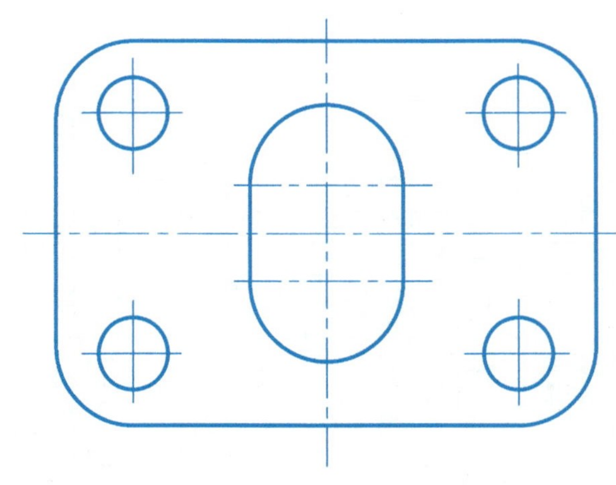

9. 按小图所给尺寸，在大图上作图，并注全尺寸。

(1)

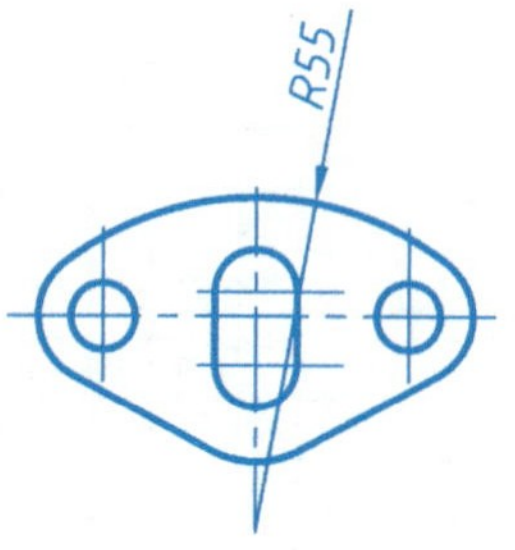

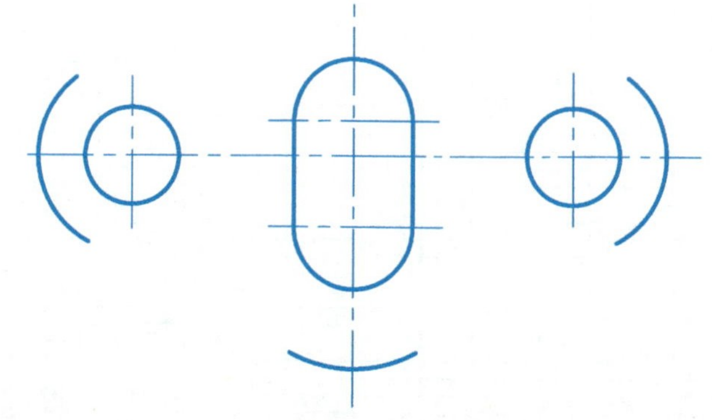

(2)

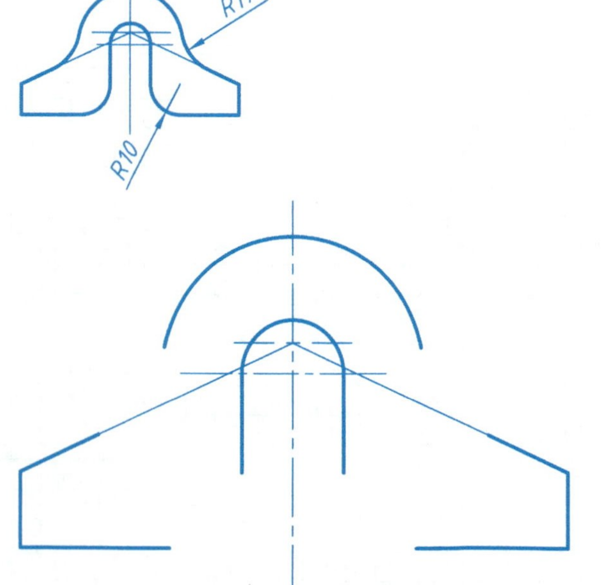

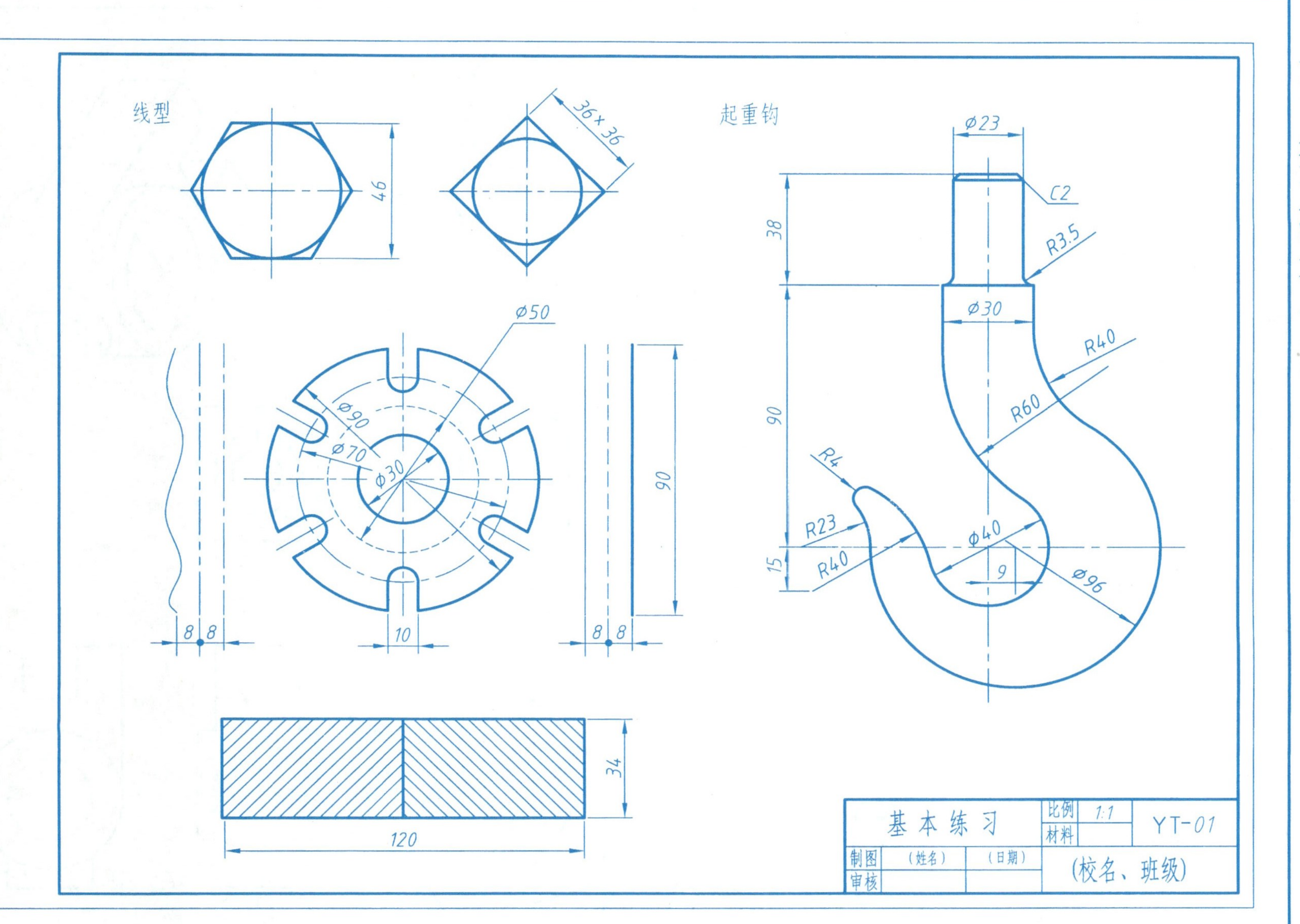

交换齿轮架

作业方法指示

一、目的、内容和要求

1.目的、内容

初步掌握国家标准《机械制图》的有关内容，掌握绘图仪器和工具的使用方法，抄画线型(不注尺寸)、起重钩(或交换齿轮架)图形并标注尺寸。

2.要求

图形正确，布置适当，线型合格，字体工整，符合国标，连接光滑，图面整洁。

二、图名、图幅、比例

1.图名　基本练习

2.图幅　A3图纸

3.比例　1:1

三、注意事项

1.参照上图布置图形，先画出各图形的对称线、中心线等。

2.线型、箭头均按教材中的要求画出。

3.标题栏中汉字打格书写。图名、图号用10号字，校名用7号字，班级用5号字写在校名后面，姓名用5号字写在制图栏内。图中尺寸数字用3.5号字。

4.完成底稿后，经仔细校核方可加深。用铅笔加深时，圆规的铅芯应比直线的铅芯软一号。

班级　　　　姓名　　　　学号

1. 根据轴测图补画视图中所缺图线。

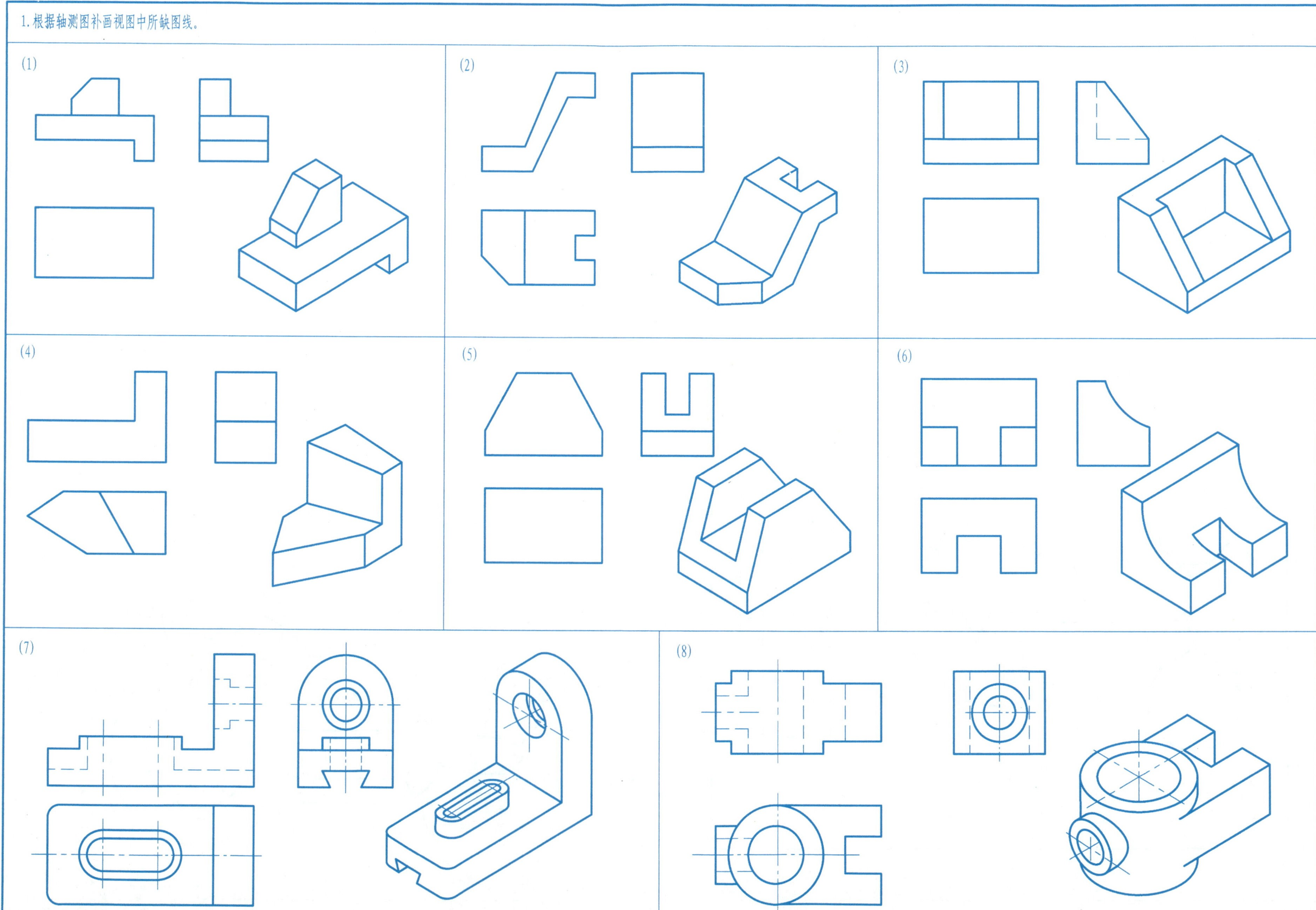

2. 根据立体图，利用方格徒手画出组合体的三视图（凡是图中未表明深度的孔均为通孔，槽为通槽）。

(1)

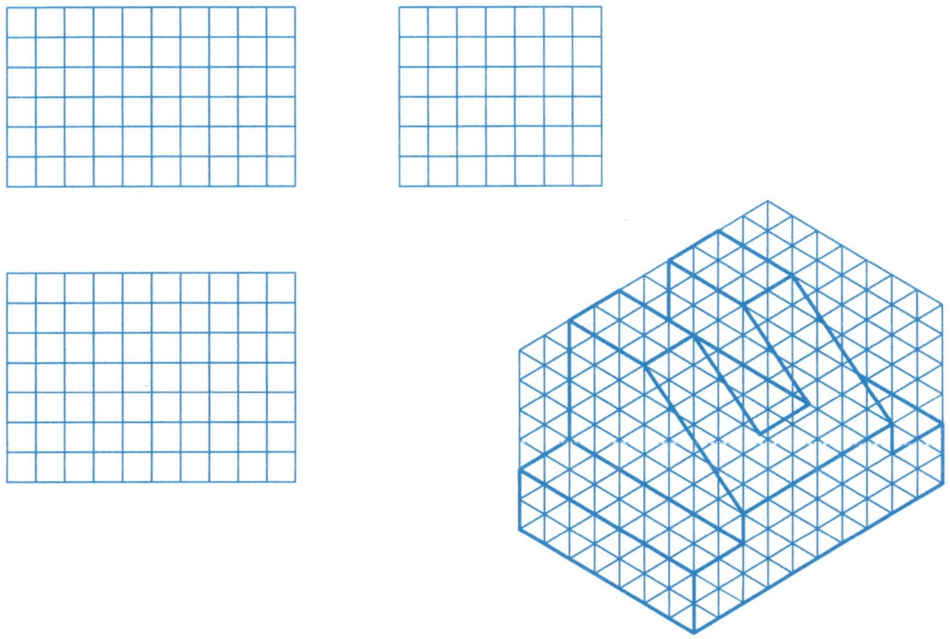

(2)

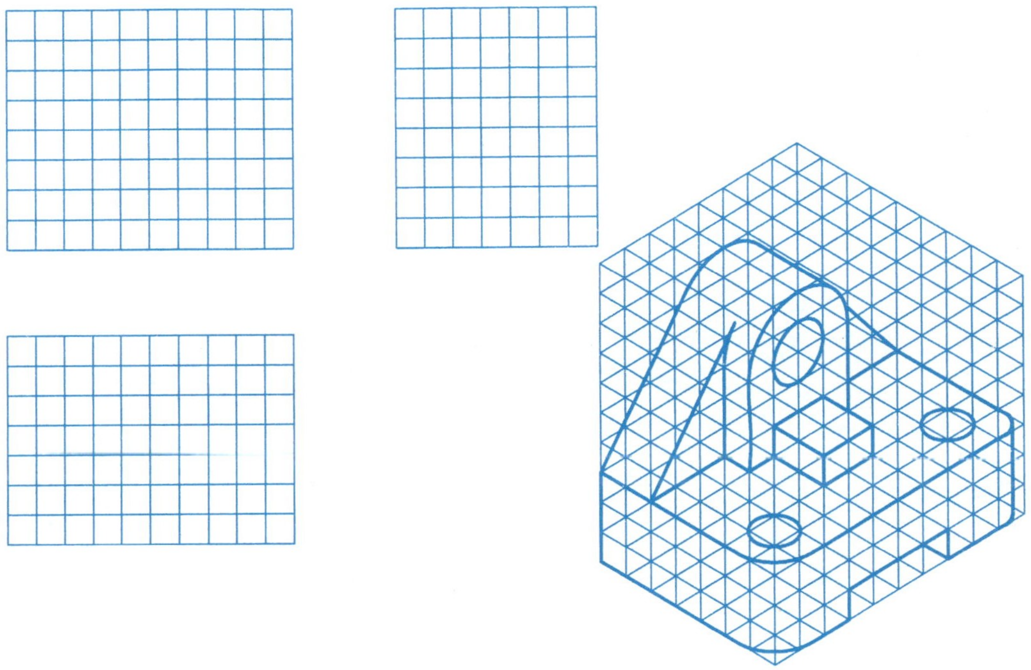

(3)

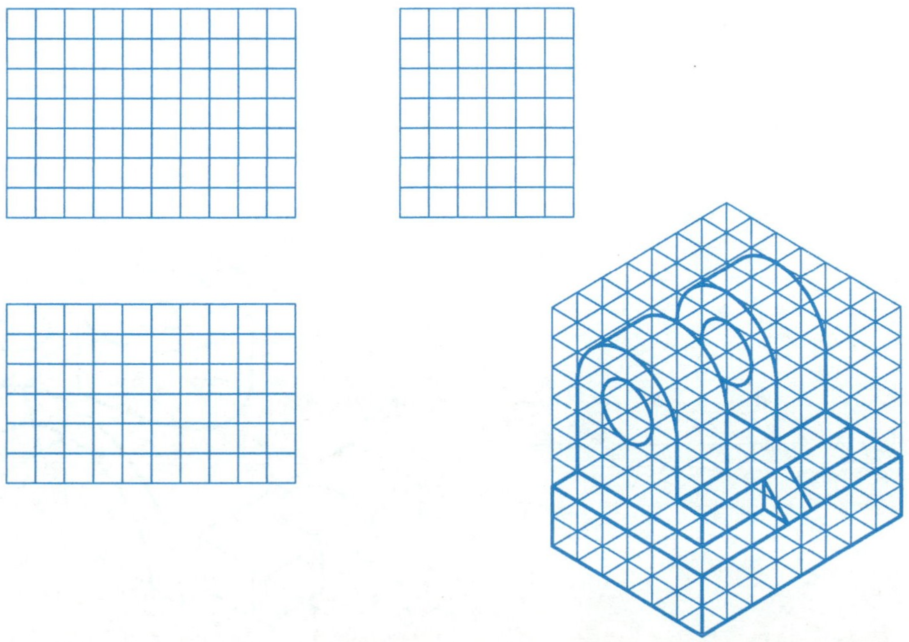

(4)

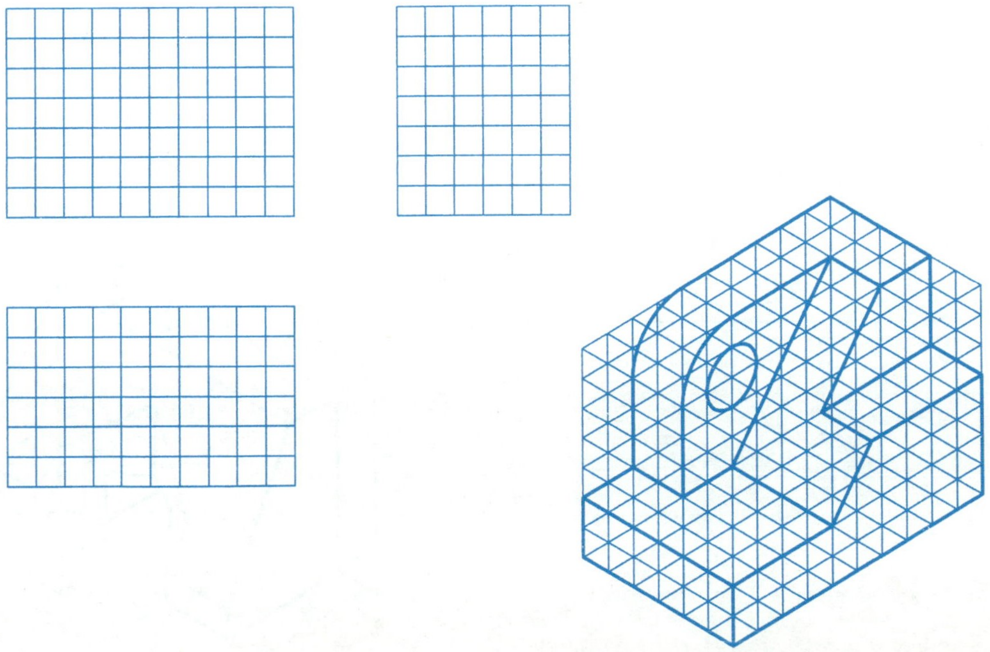

班级　　　姓名　　　学号

3.根据轴测图上所注尺寸，用1:1的比例画出组合体的三视图（凡是图中未注明深度的孔均为通孔，槽为通槽）。

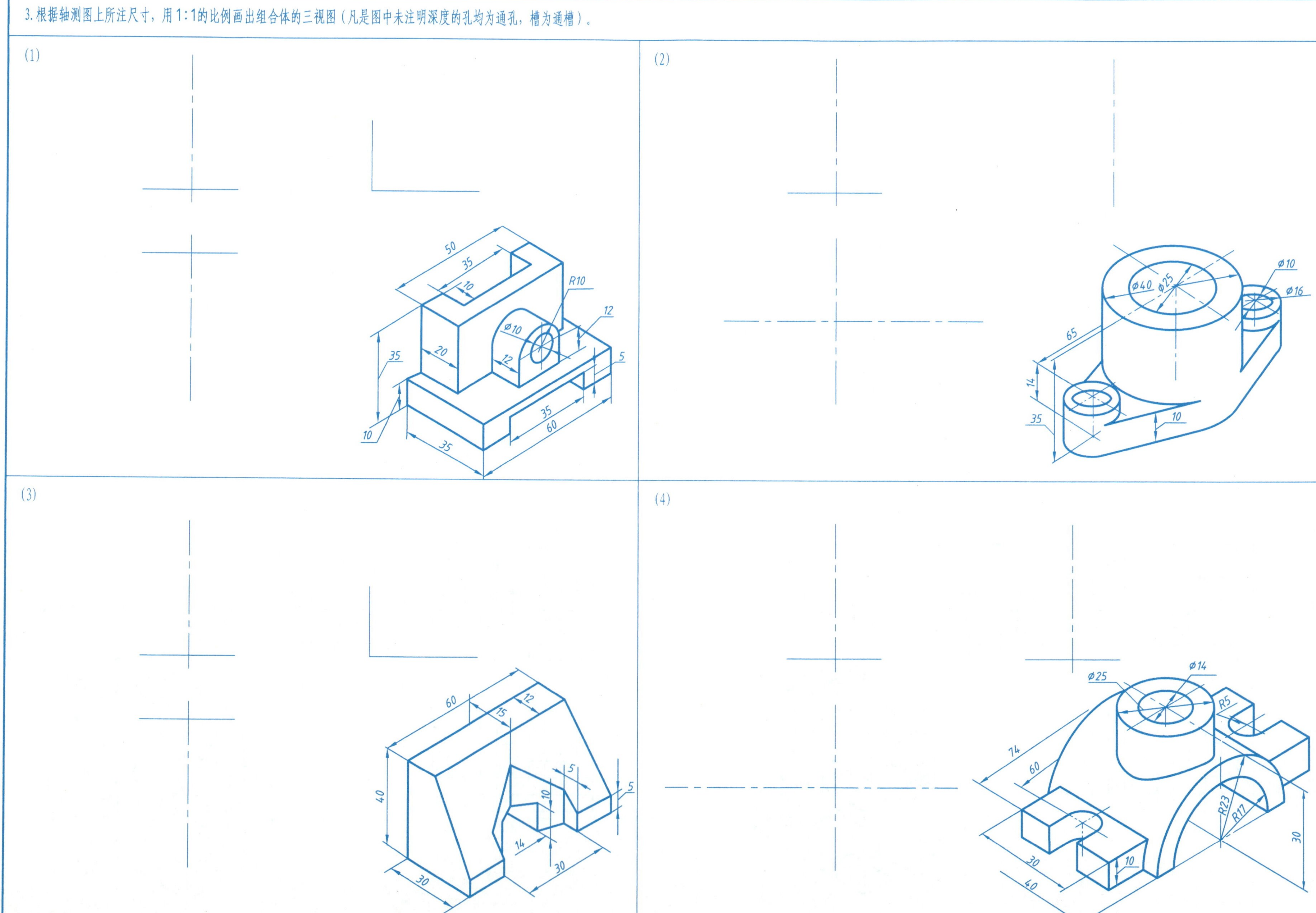

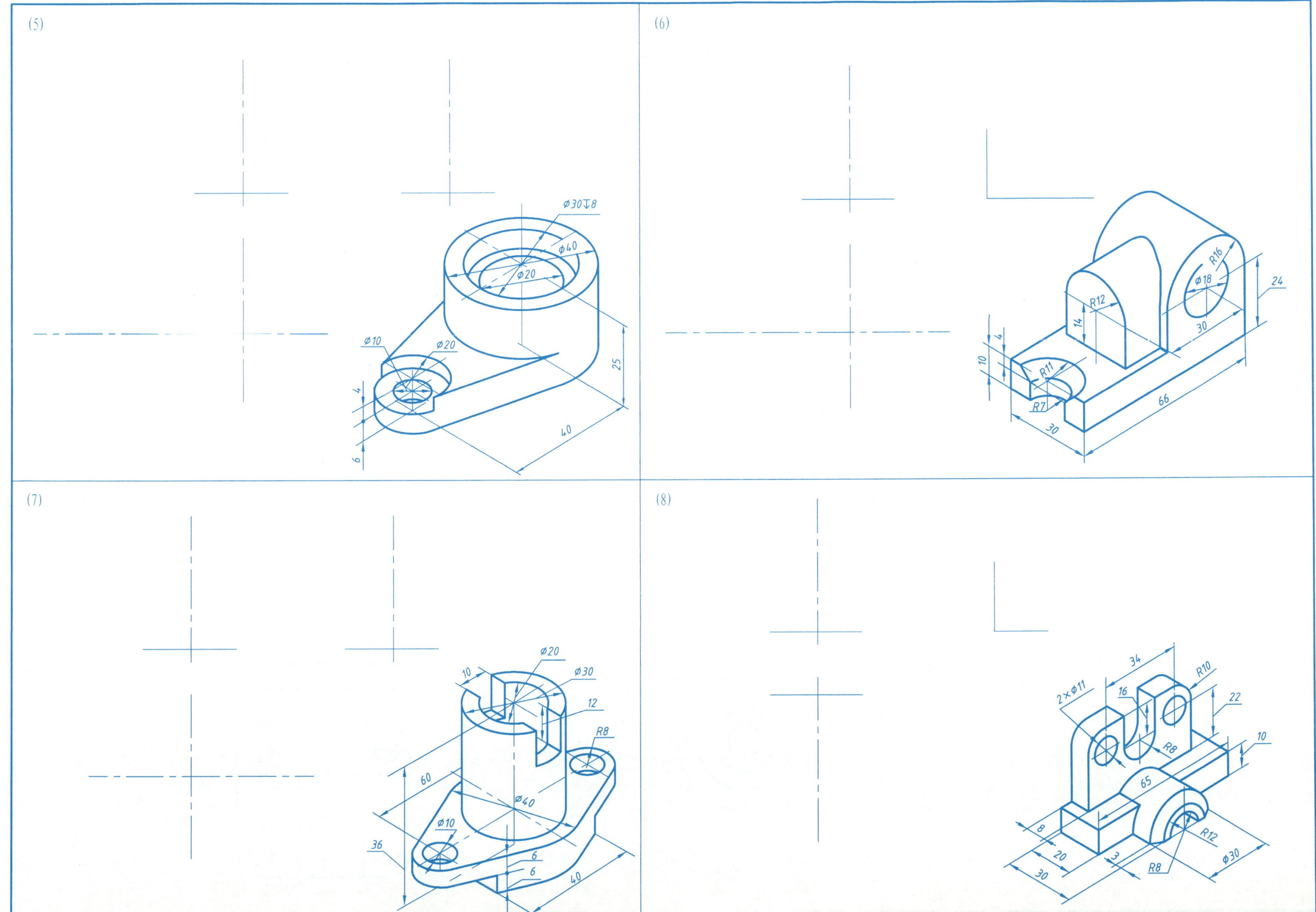

(5)
φ30↧8
φ40
φ20
φ10
φ20
4
25
40
6
(6)
R16
φ18
24
R12
14
30
4
10
R11
R7
66
30
(7)
φ20
10
φ30
12
R8
60
φ40
φ10
36
6
6
40
(8)
34
R10
2×φ11
16
22
R8
10
65
8
20
R12
3
φ30
30
R8

1.读懂二视图后，补画第三视图。

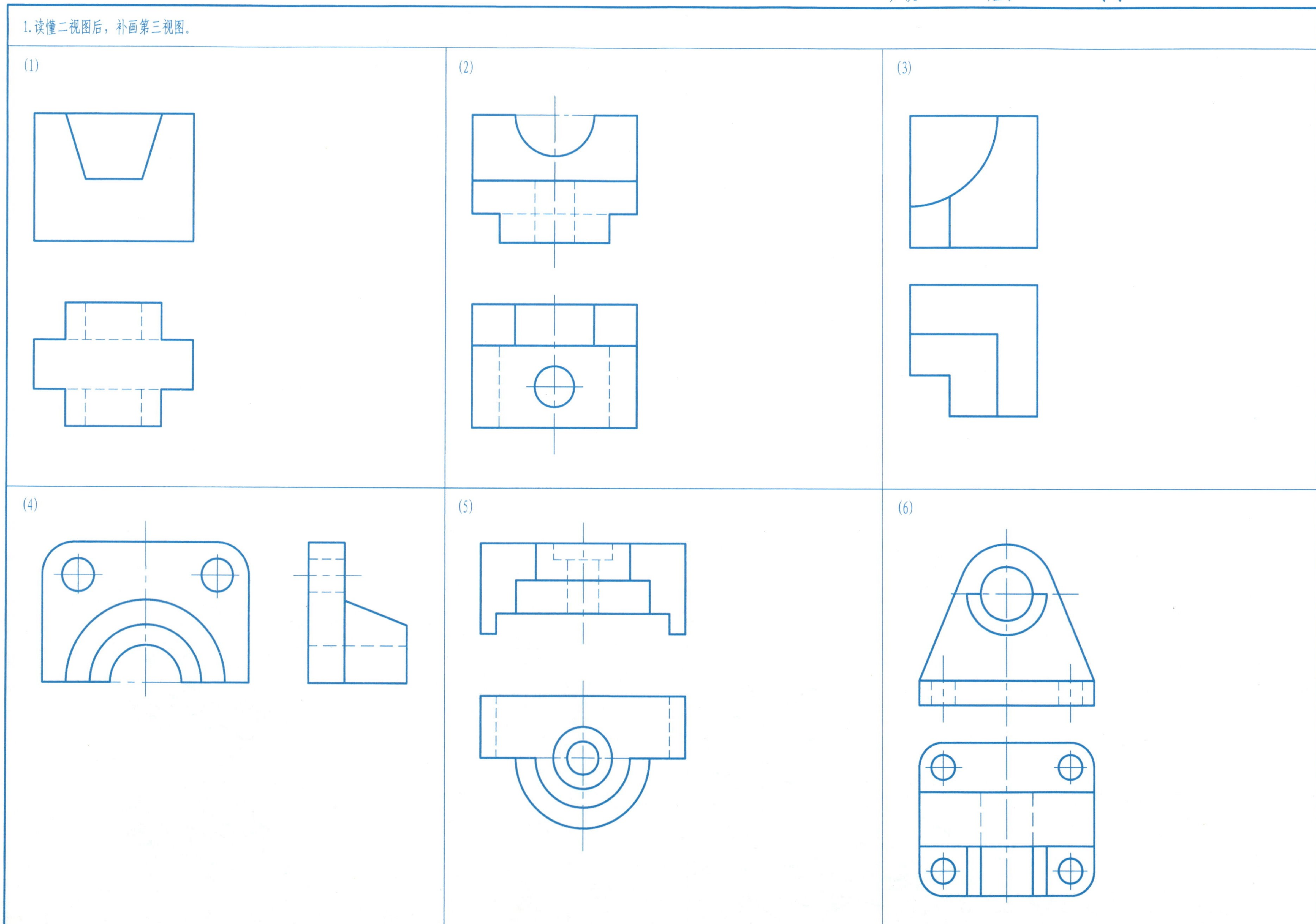

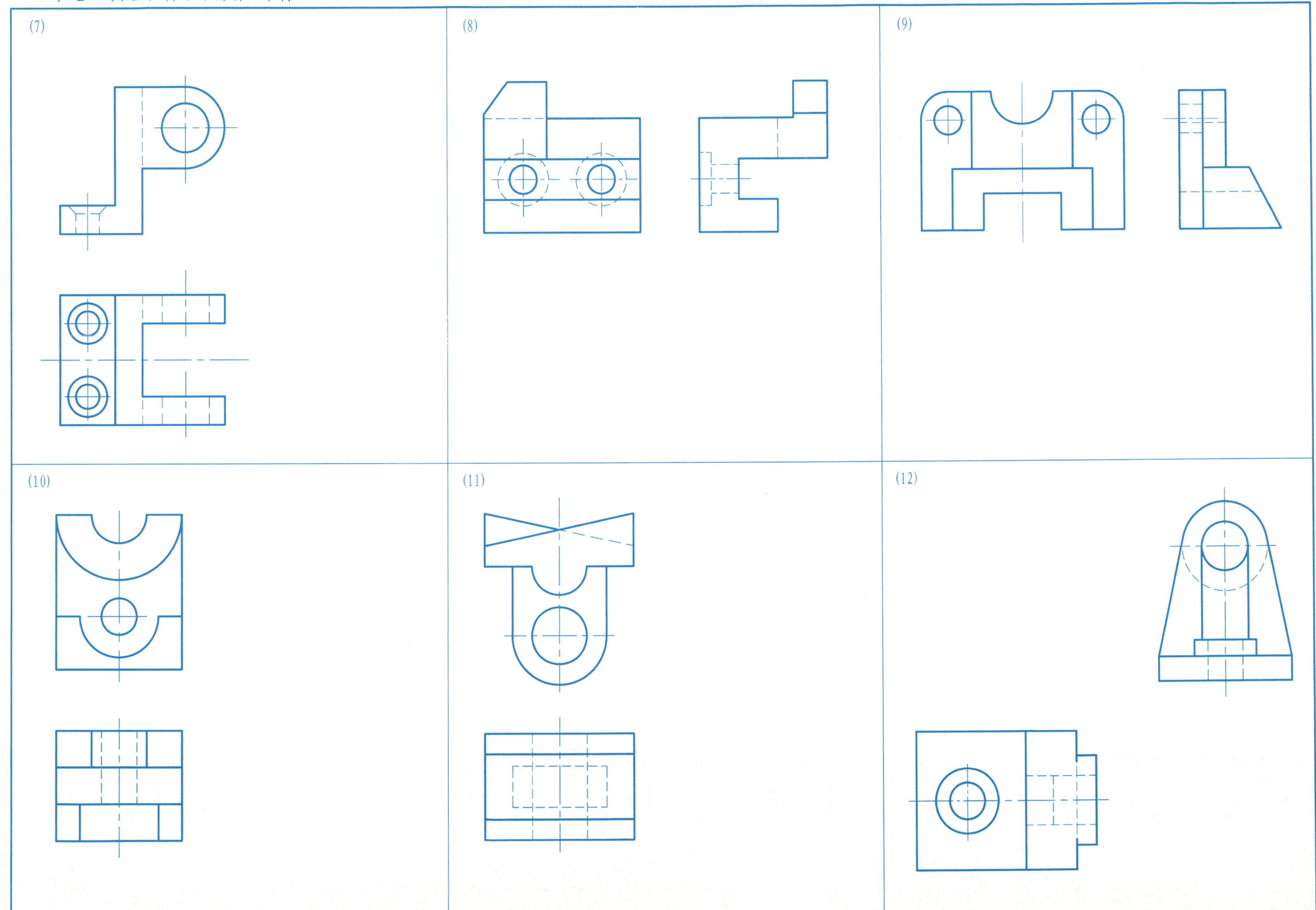
(7)
(8)
(9)
(10)
(11)
(12)

班级　　　　姓名　　　　学号

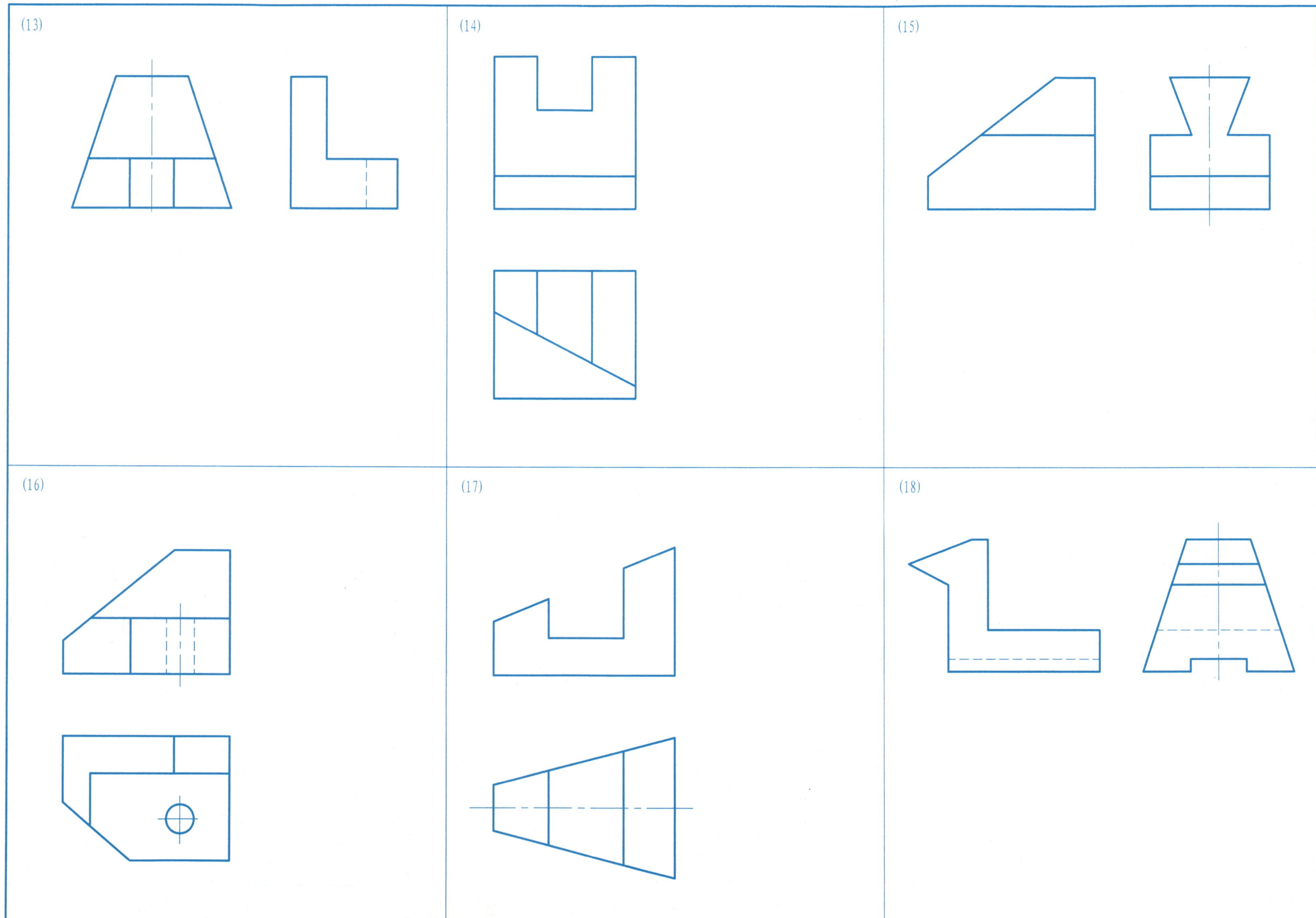

十七、读组合体视图及尺寸标注（四）

班级　　　　姓名　　　　学号

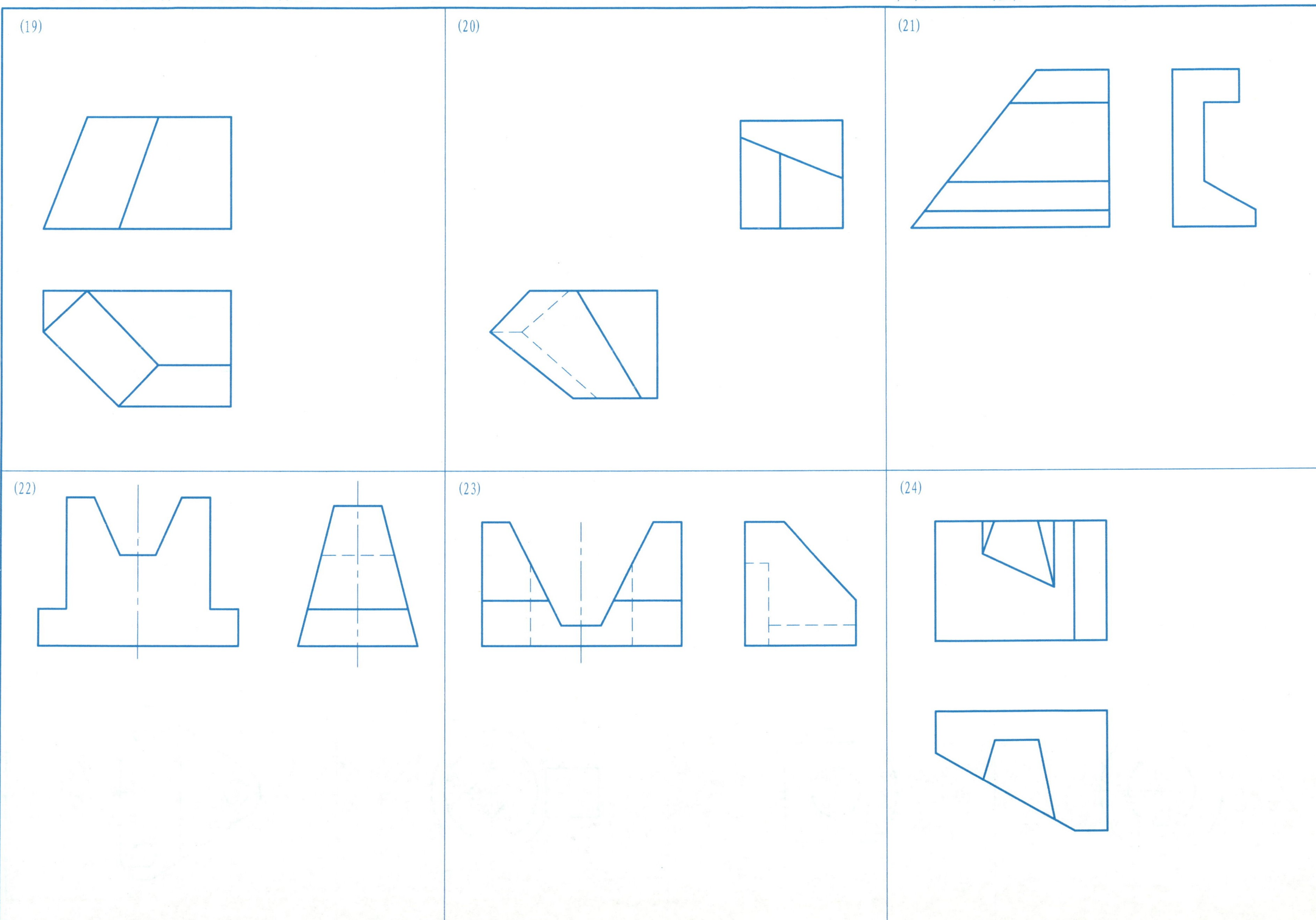

2. 标注下列各组合体的尺寸，尺寸数值按1:1的比例直接在图中量取，取整数。

(1)

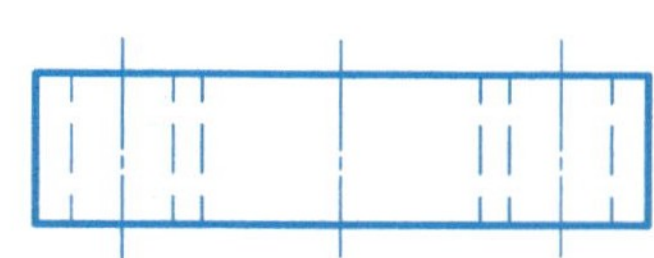

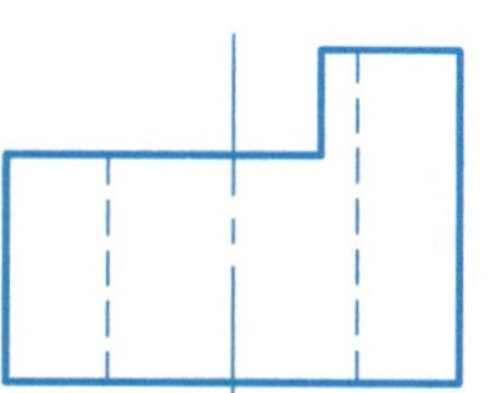

(2)

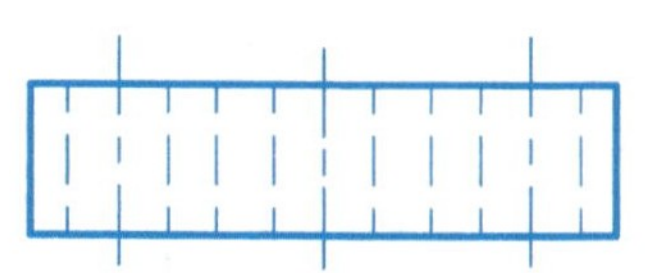

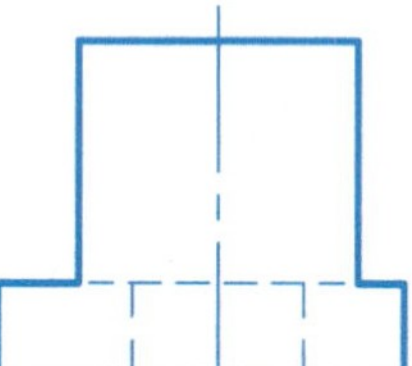

(3)

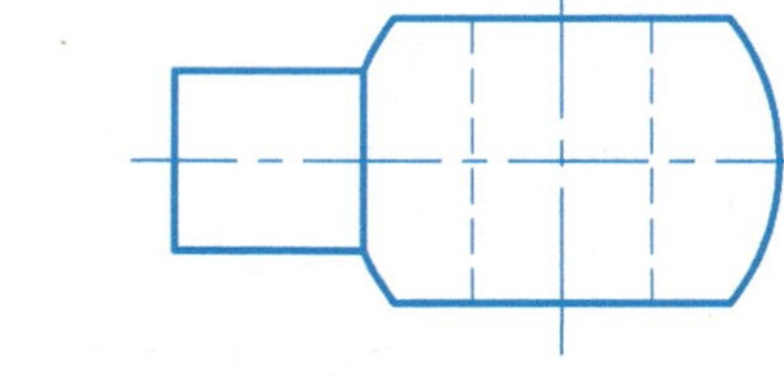

(4)

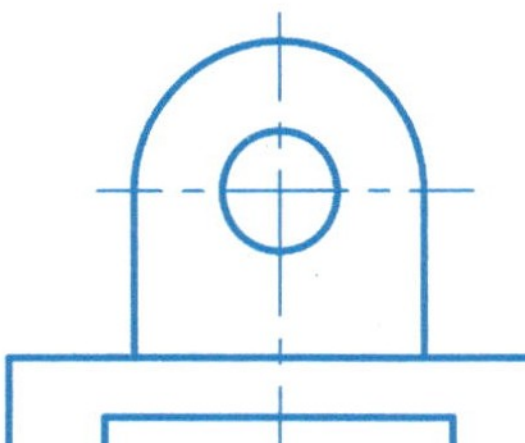

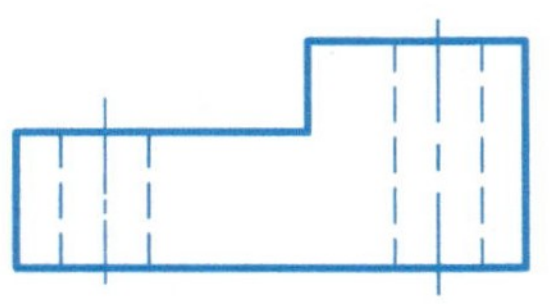

(5)

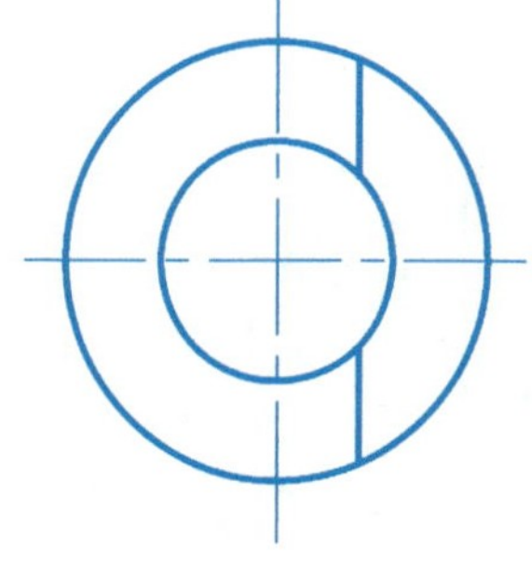

(6)

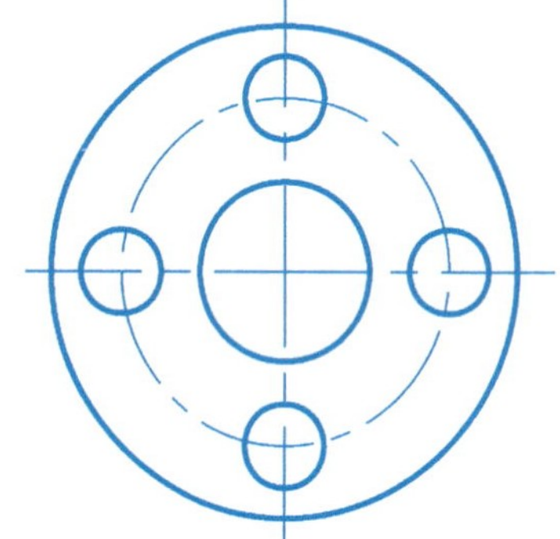

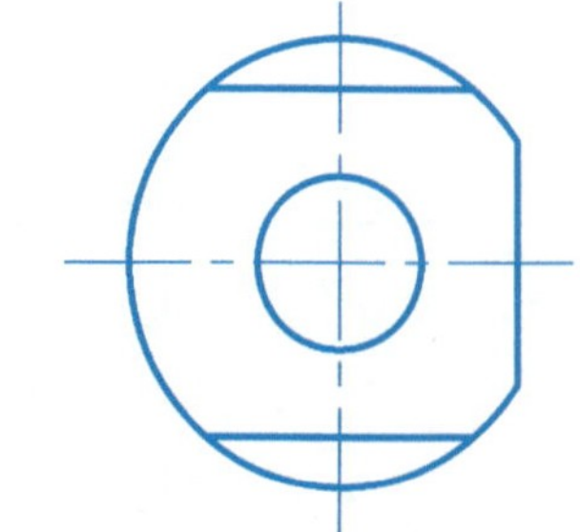

(7)

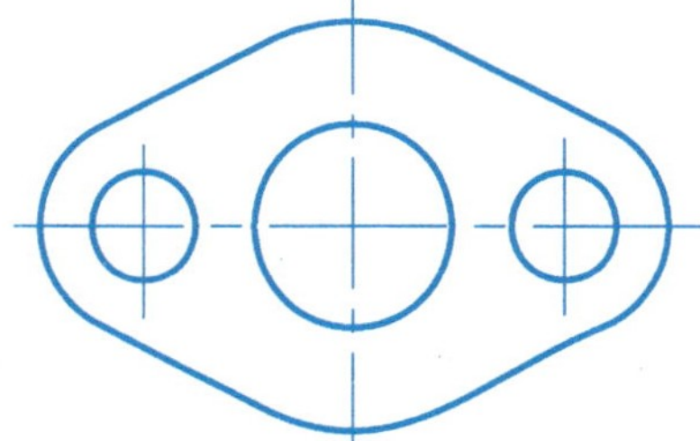

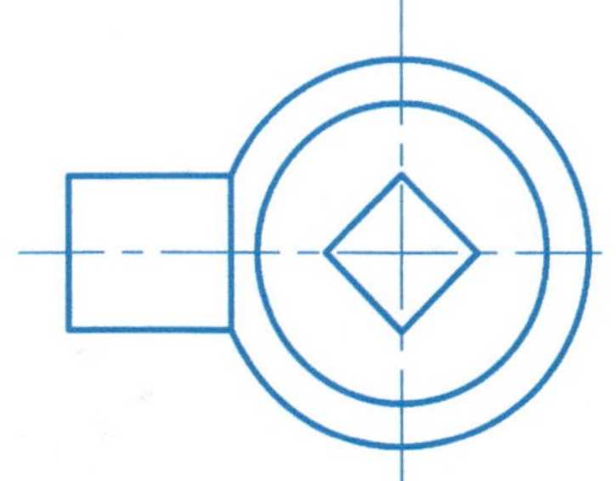

(8)

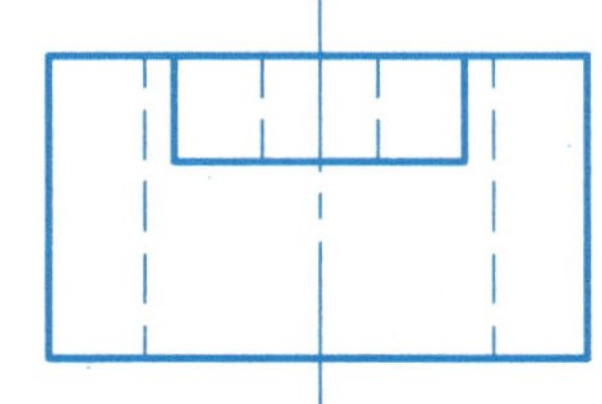

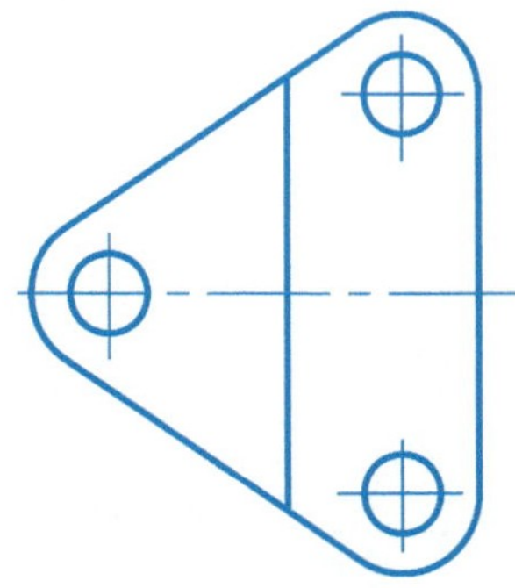

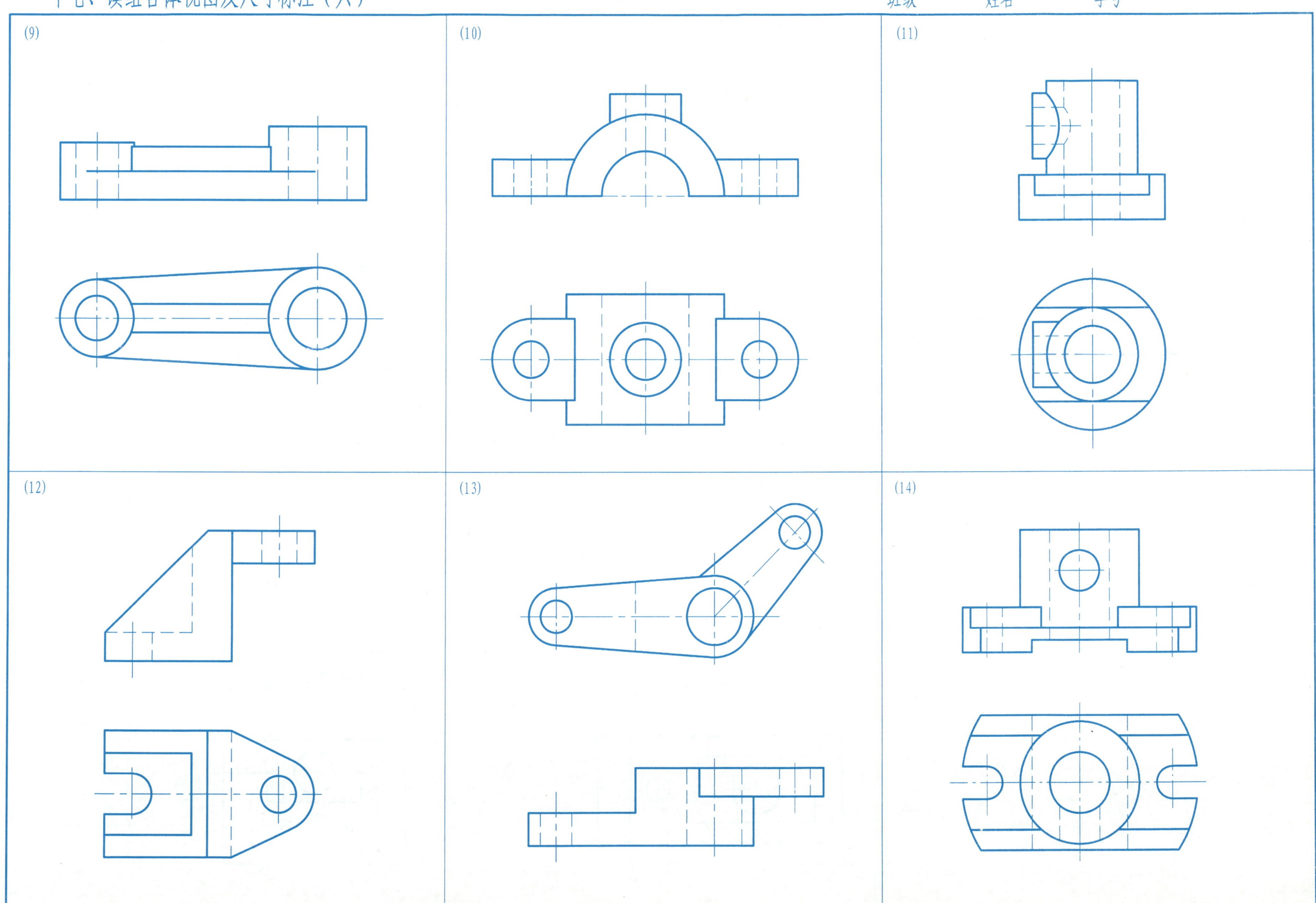
(9)
(10)
(11)
(12)
(13)
(14)

3.读懂二视图后，补画第三视图。

(1)

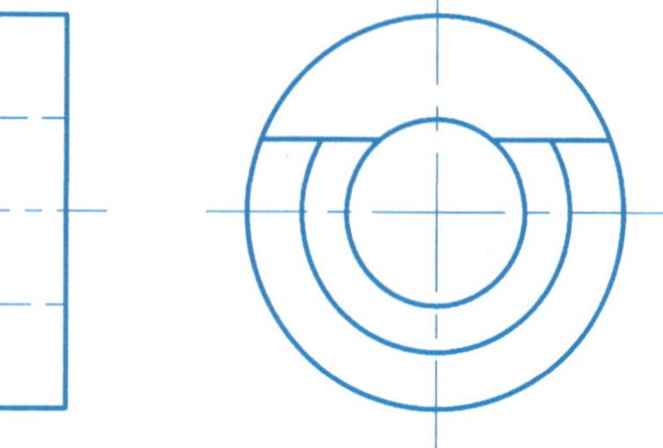

(2)

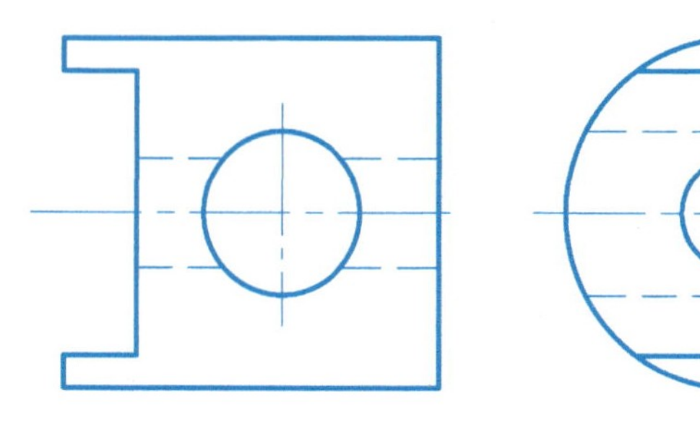

(3)

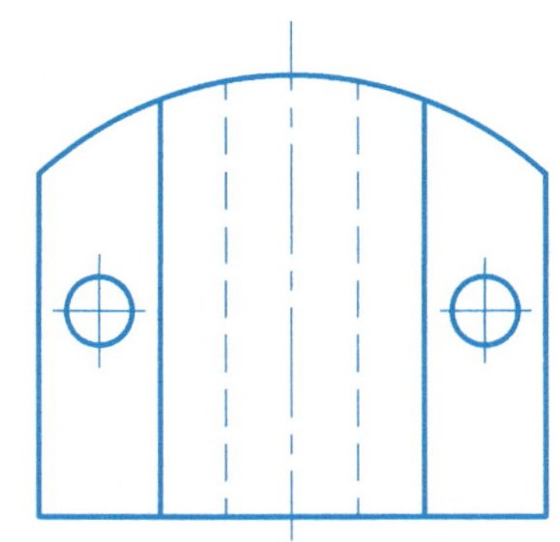

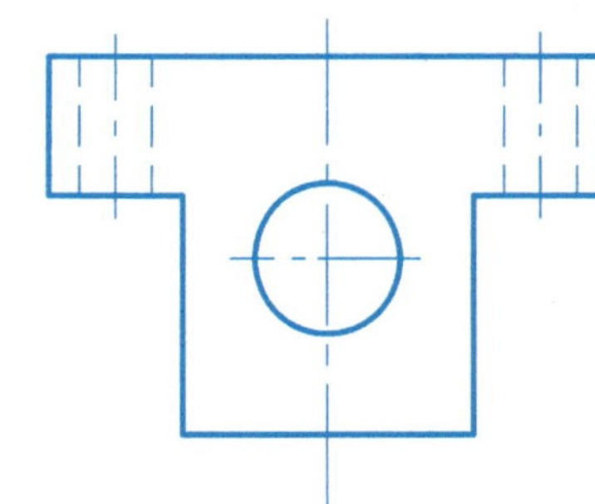

(4)

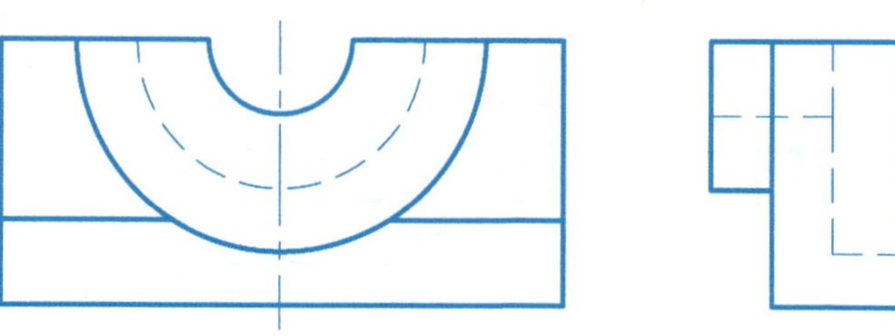

(5)

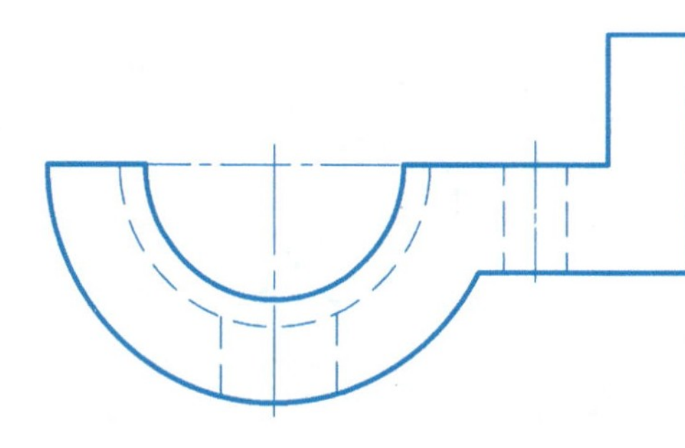

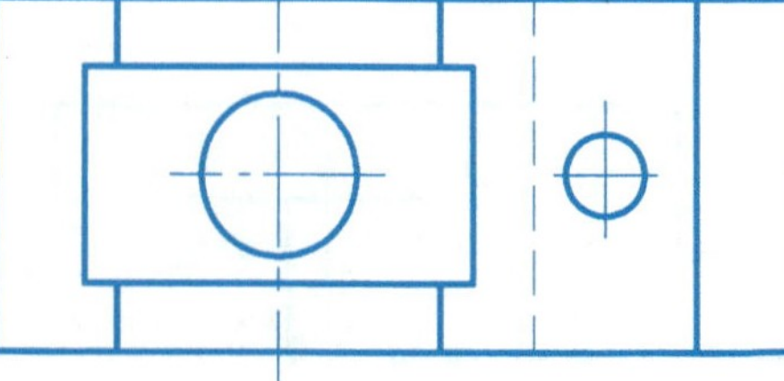

(6)

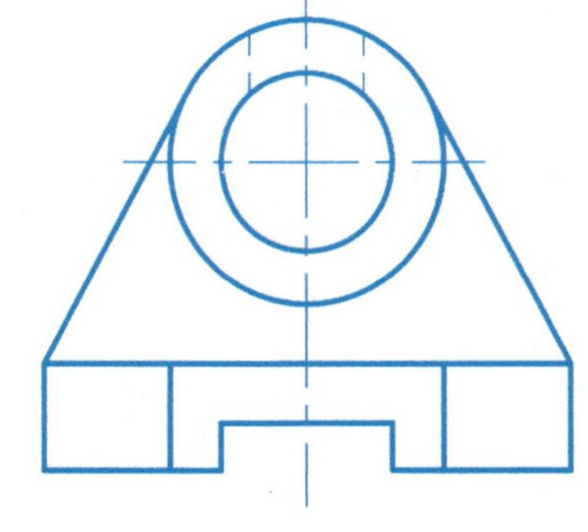

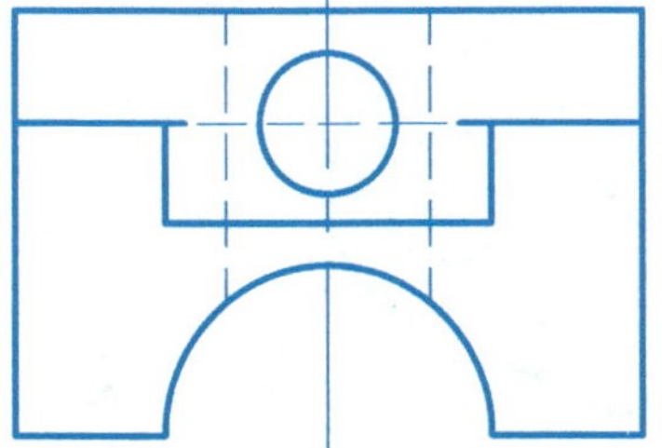

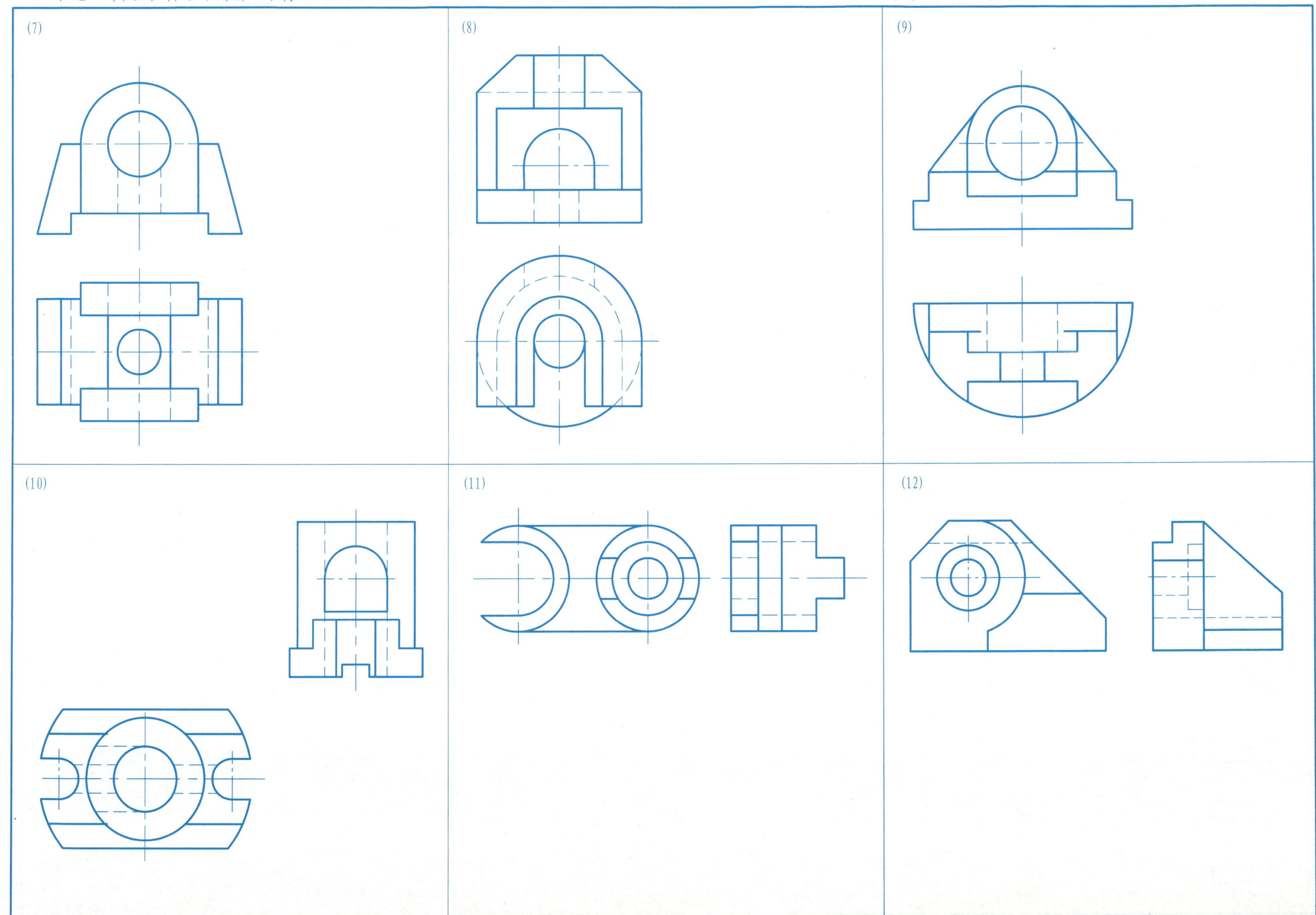
(7)
(8)
(9)
(10)
(11)
(12)

根据给定两视图，想象并设计出其空间可能的形状（均有多解），然后补画各解的第三视图。

(1)

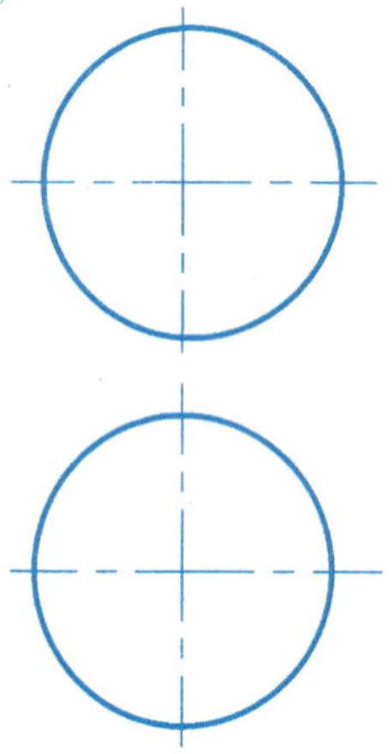

(2)

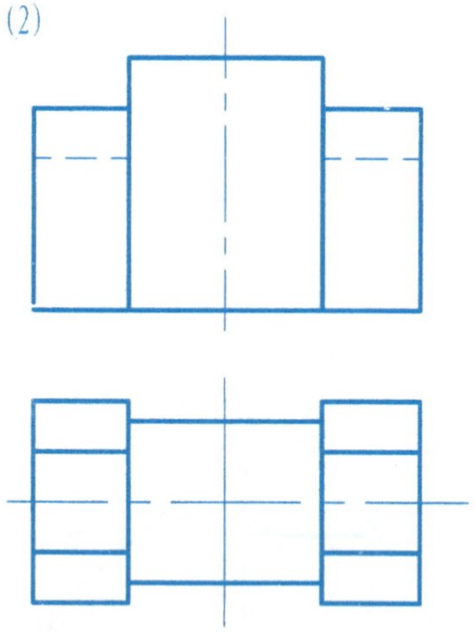

(3)

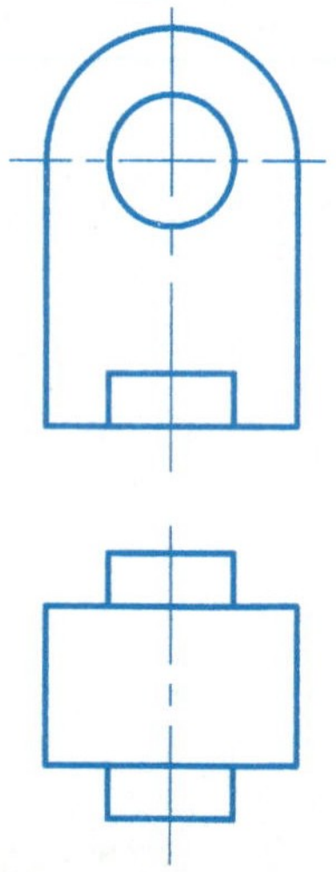

(4)

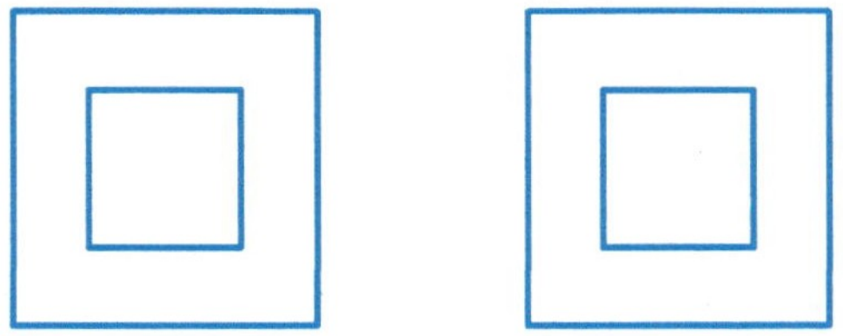

根据给定两视图，补画第三视图，并标注尺寸（用A3图纸，1:1比例）。

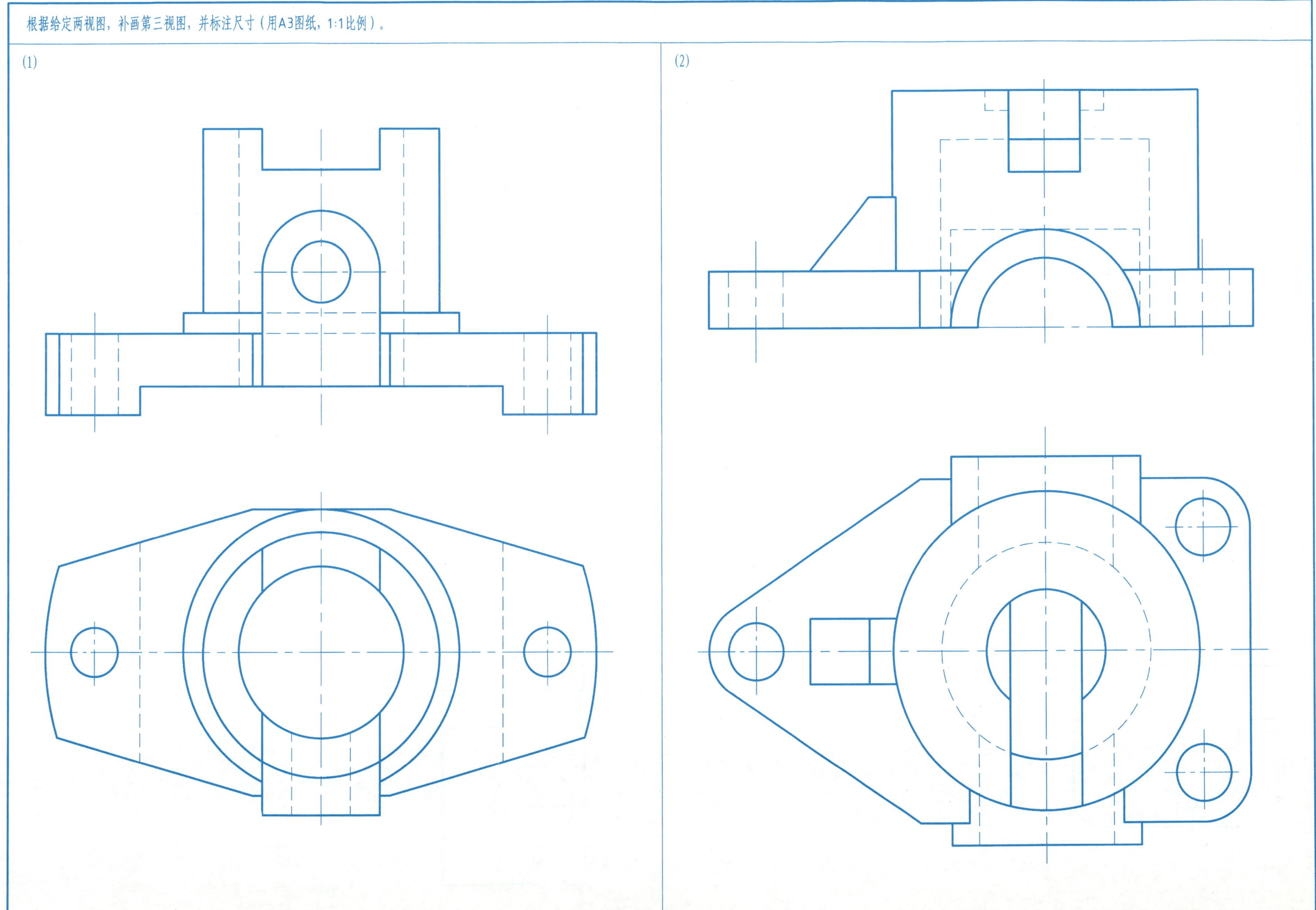

1. 画出立体的正等轴测图。

(1)

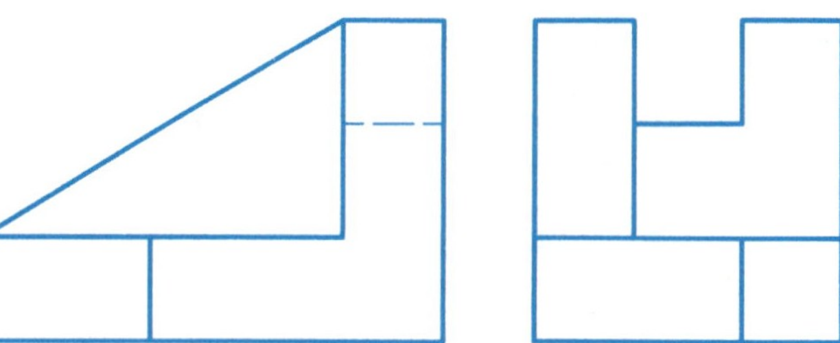

(2)

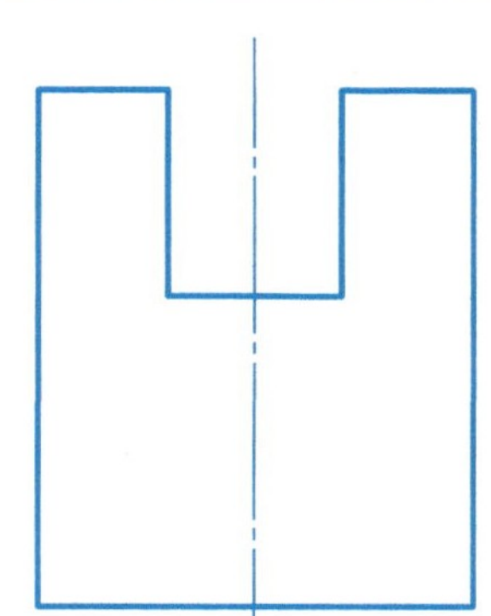

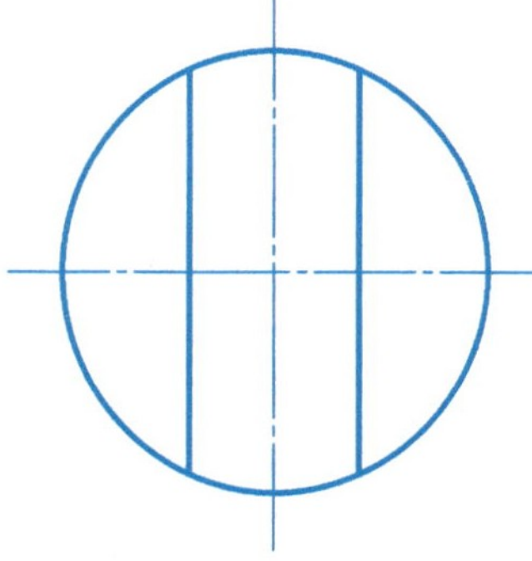

(3)

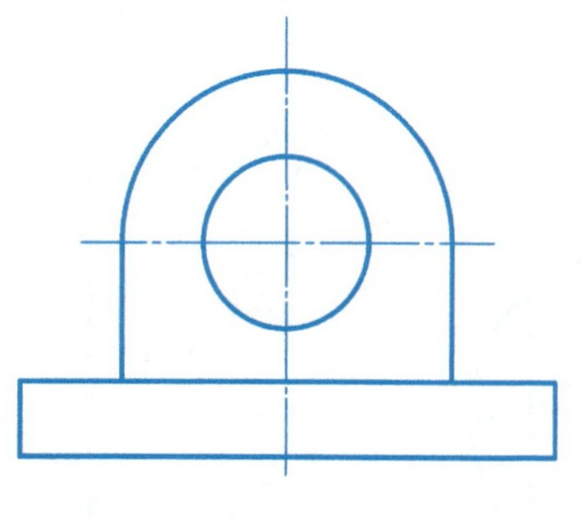

(4)

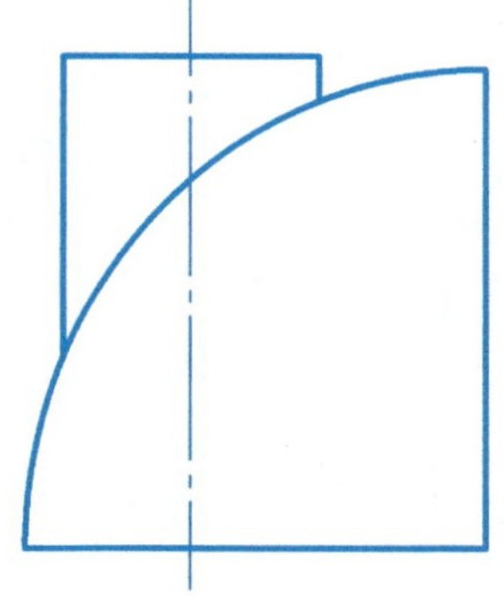

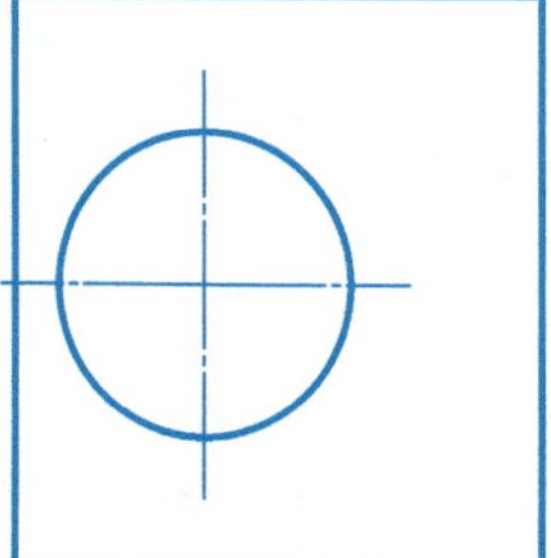

2. 画出立体的正等轴测图。

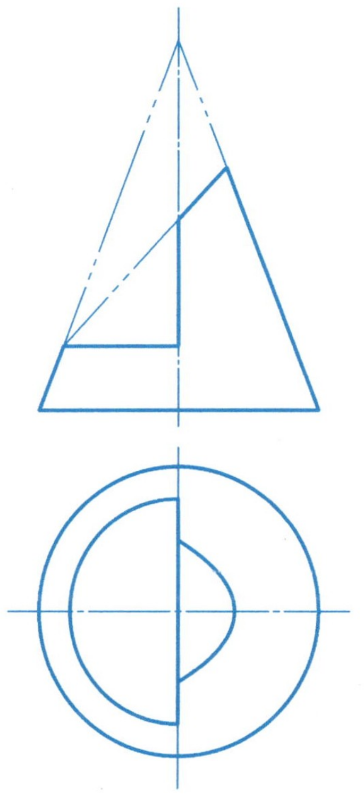

4. 徒手画立体的正等轴测图。

(1)

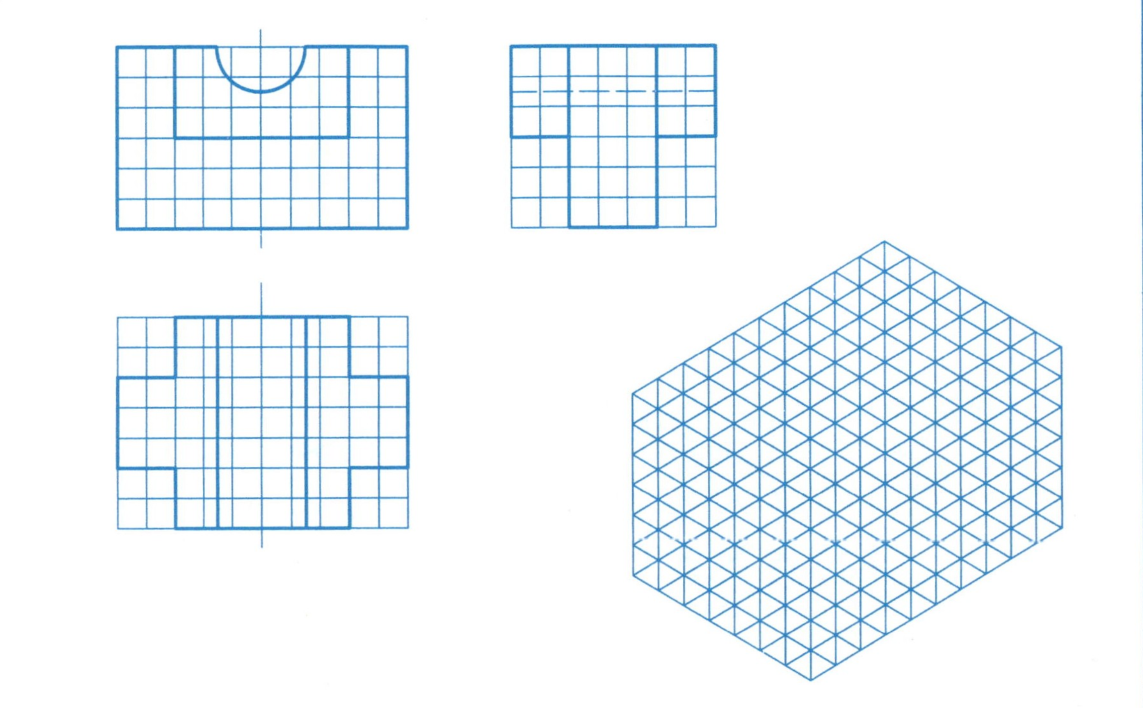

3. 画出立体的正面斜二测投影图。

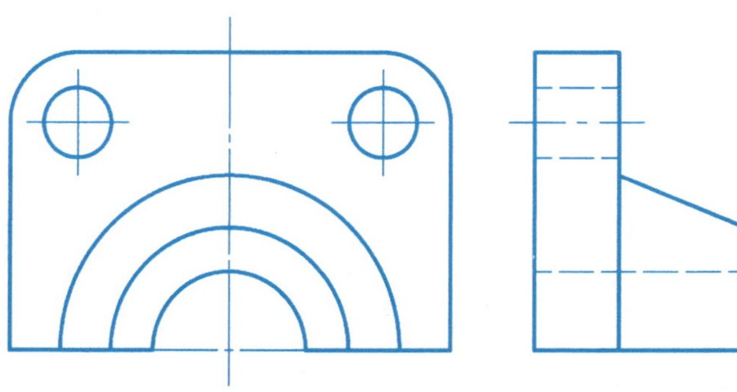

(2)

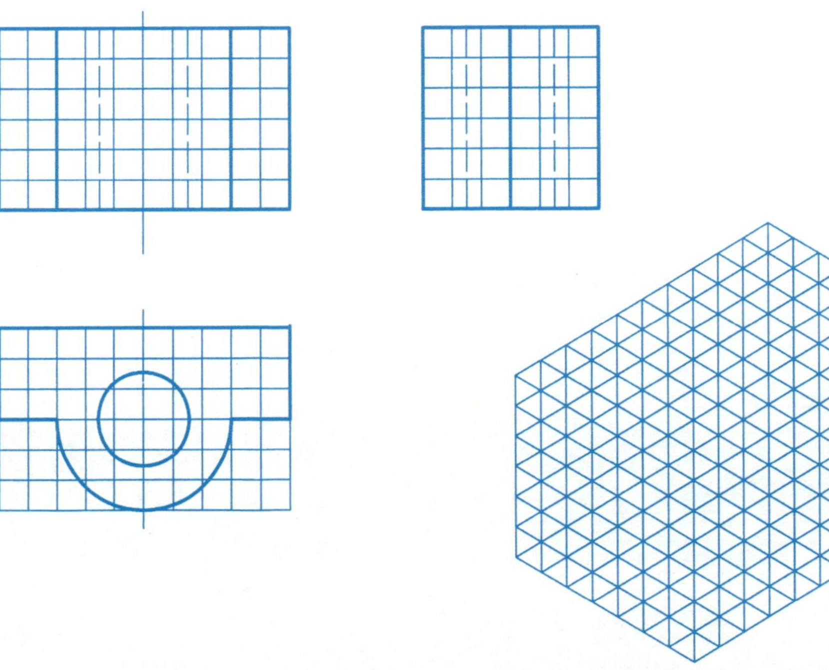

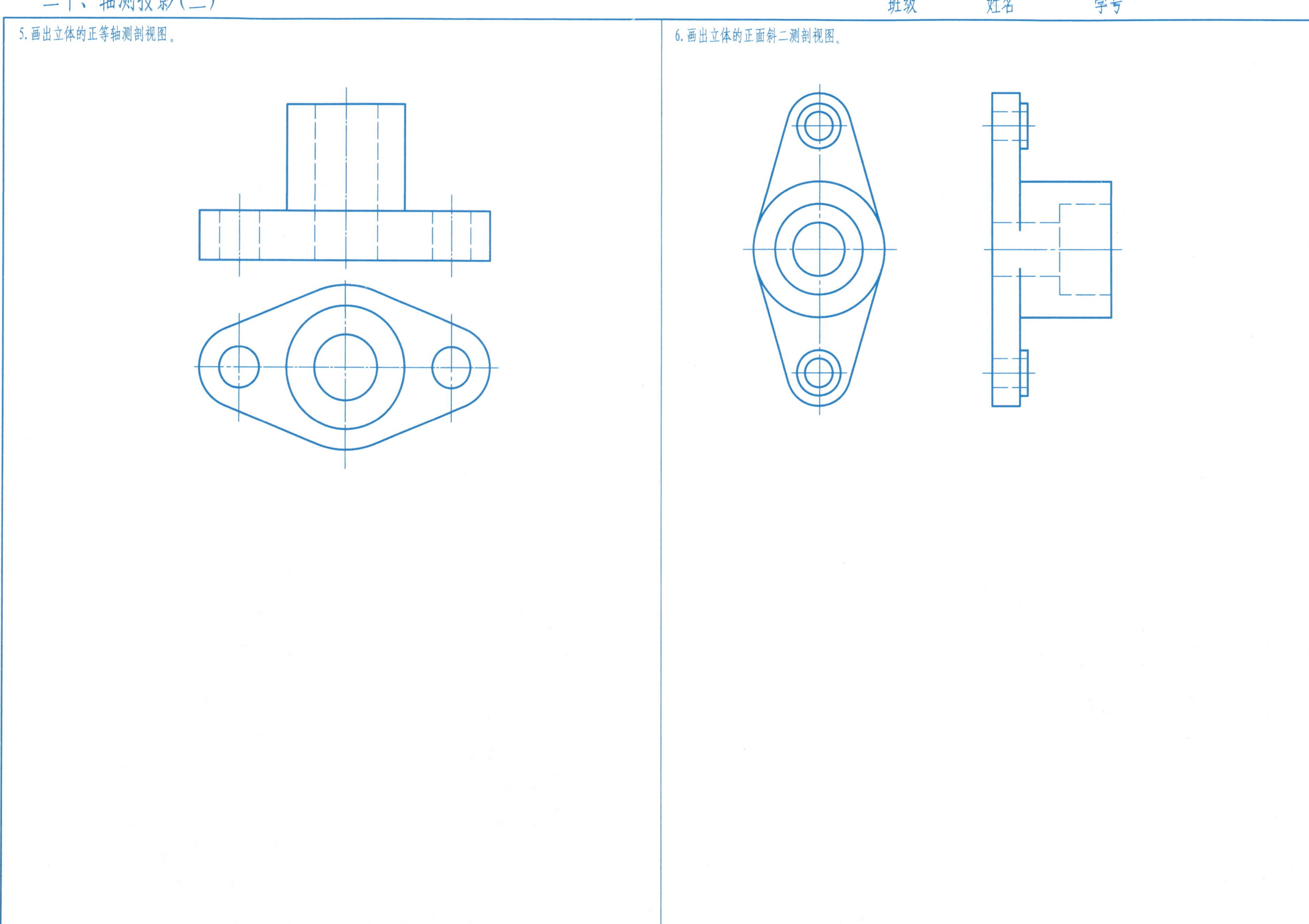
5. 画出立体的正等轴测剖视图。
6. 画出立体的正面斜二测剖视图。

1. 画出机件的其余三个基本视图。（保留虚线）

2. 画出机件的斜视图、局部视图。

3. 按箭头所指的方向，在适当位置画出相应的向视图。（保留虚线）

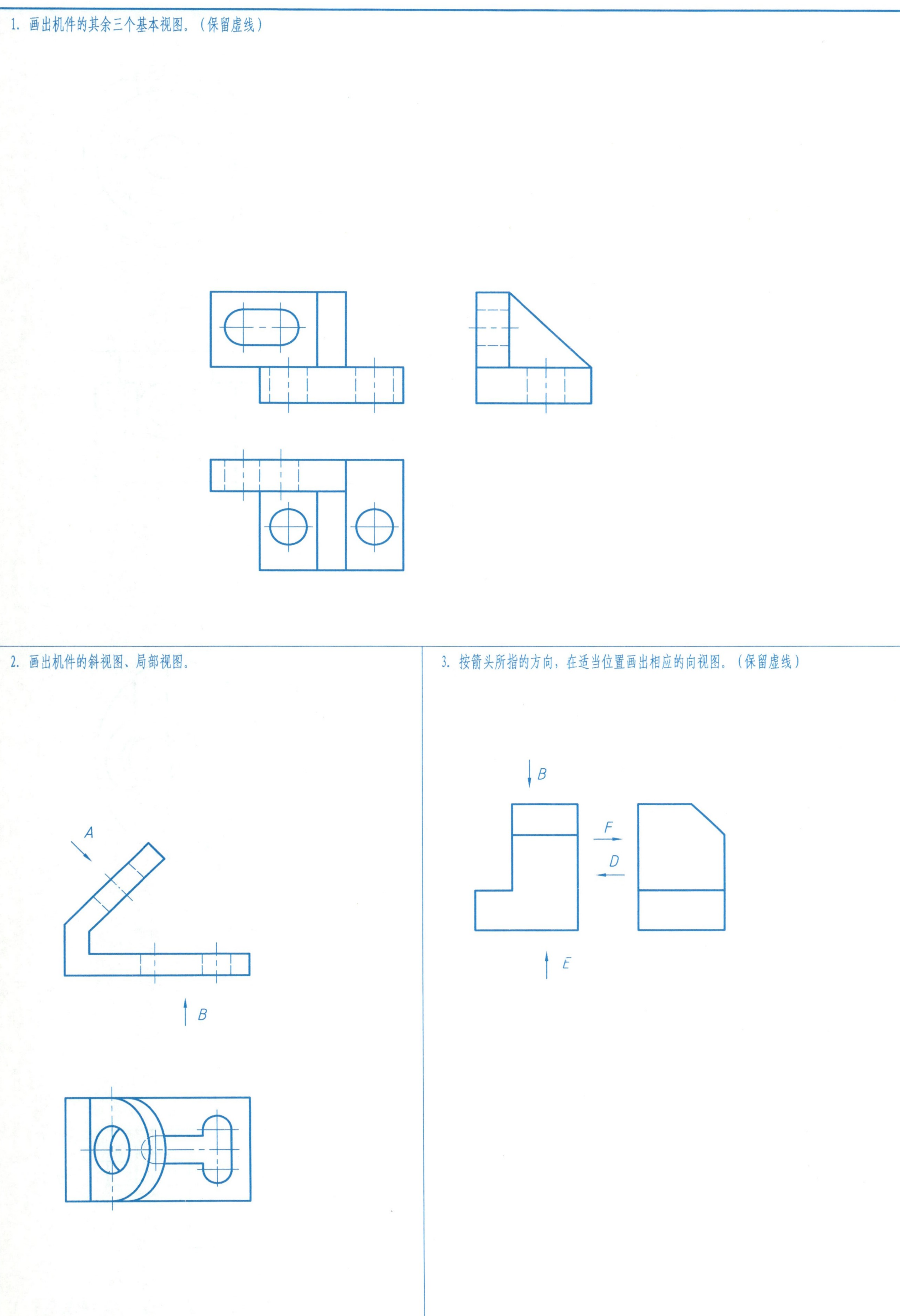

班级　　　　姓名　　　　学号

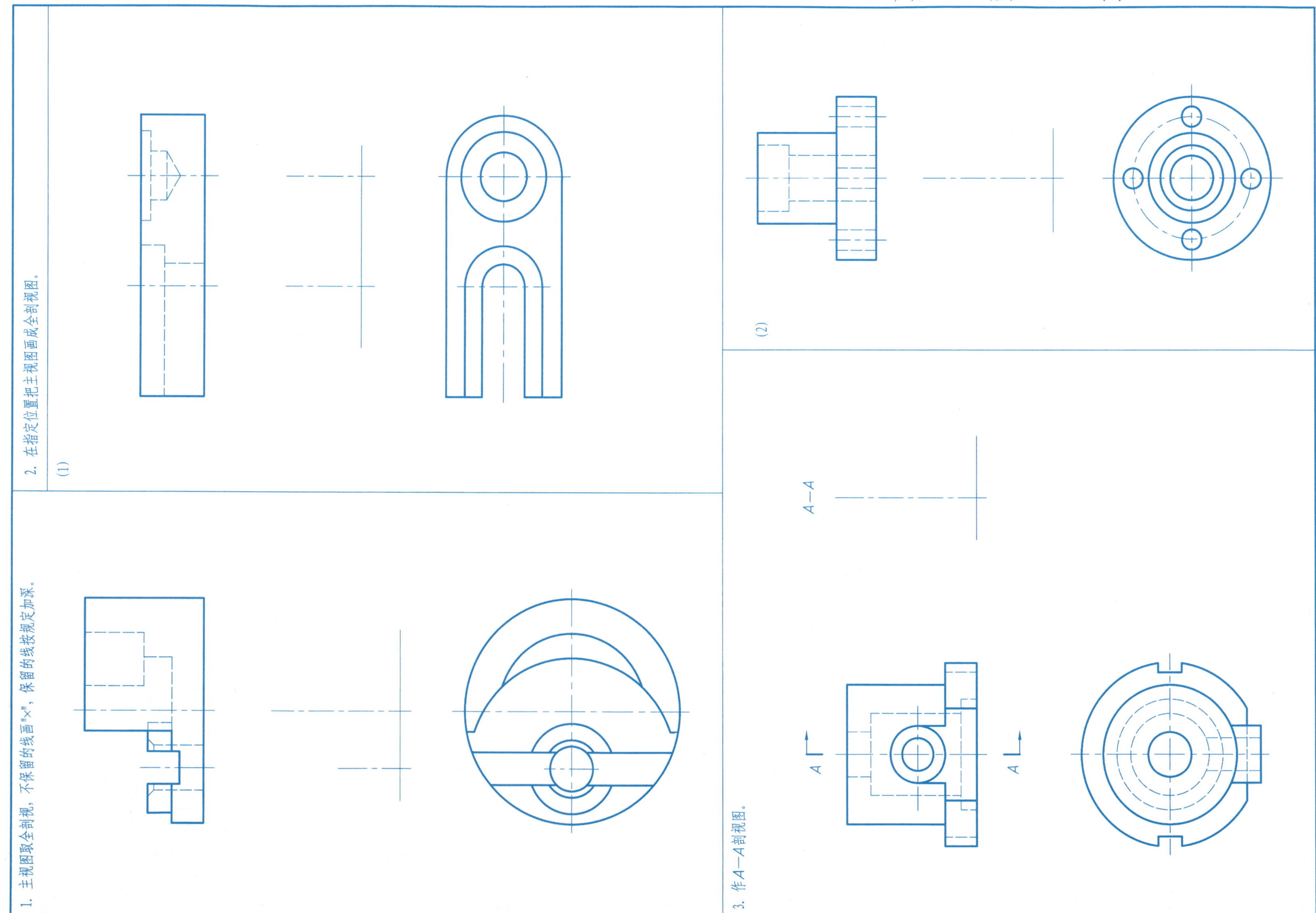
2. 在指定位置把主视图画成全剖视图。
(1)
(2)
1. 主视图取全剖视，不保留的线画"×"，保留的线按规定加深。
3. 作A—A剖视图。
A—A
A
A

4. 在指定位置把主视图画成半剖视图。

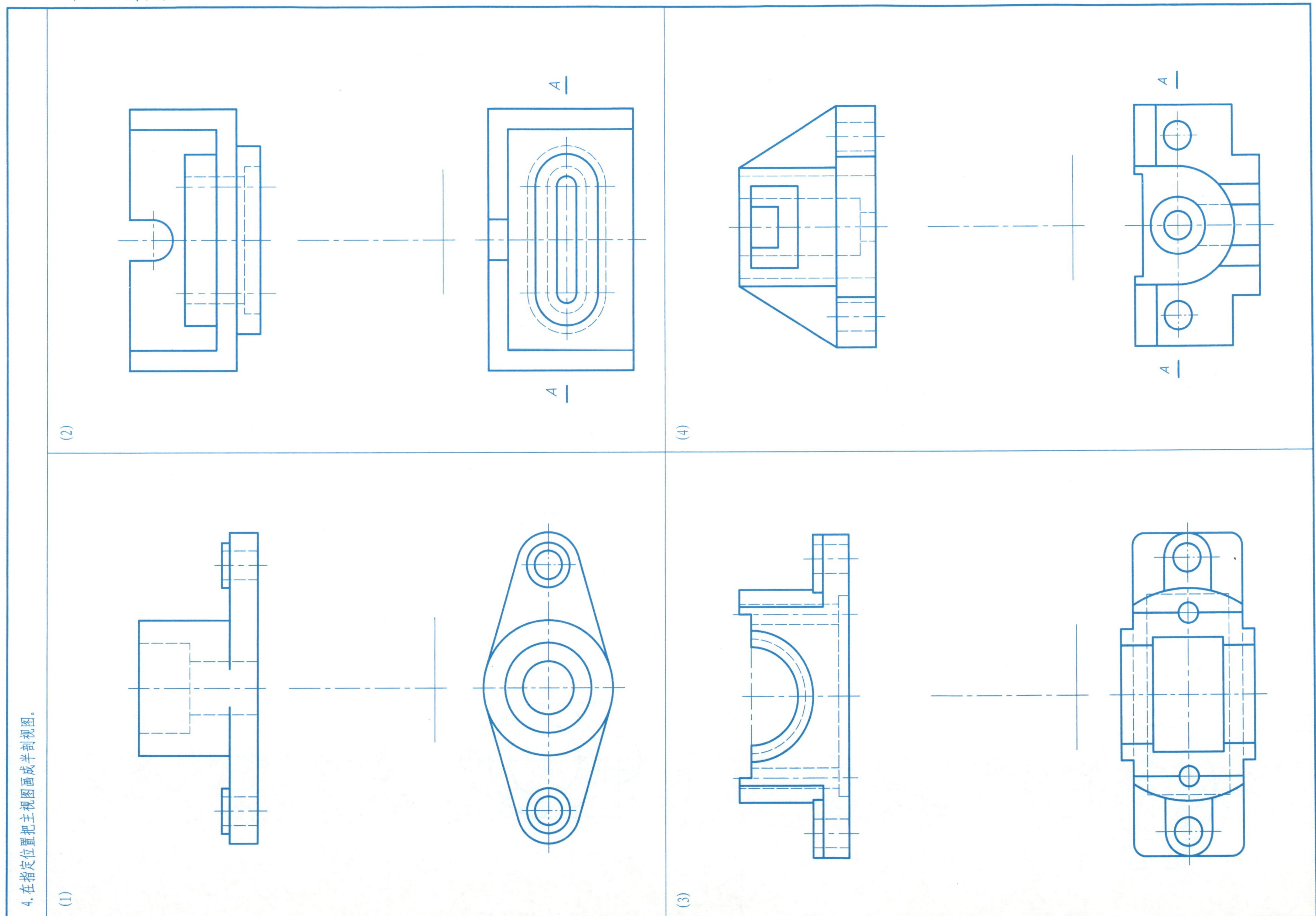

班级　　　　姓名　　　　学号

5. 在指定位置把主视图画成局部剖视图。

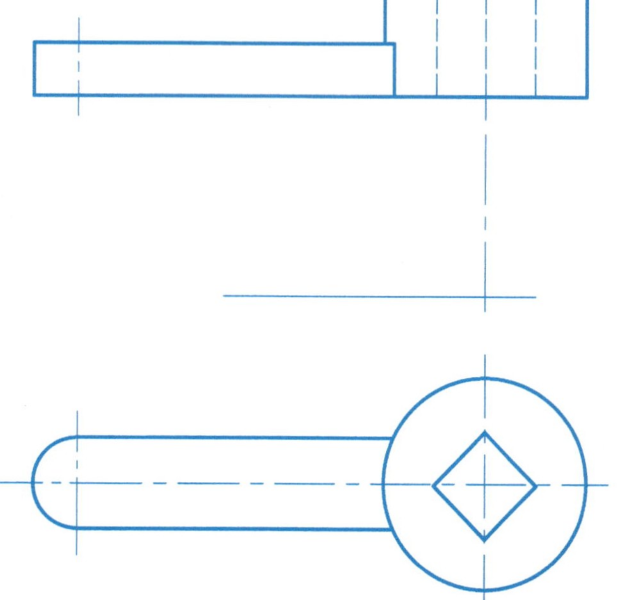

6. 重新选择表达方案表达该机件。

(1)

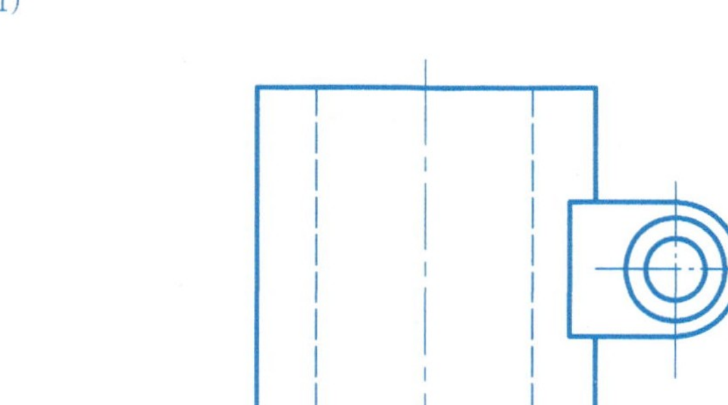

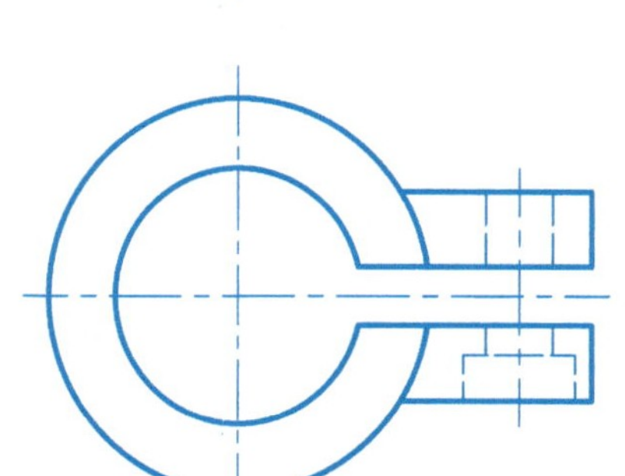

7. 分析视图中的错误，作出正确的剖视图。

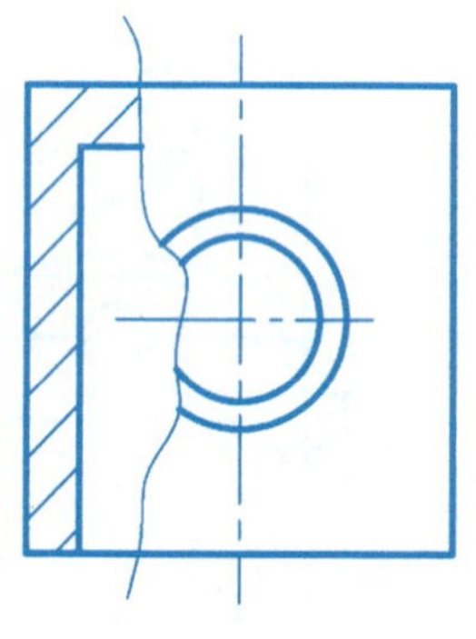

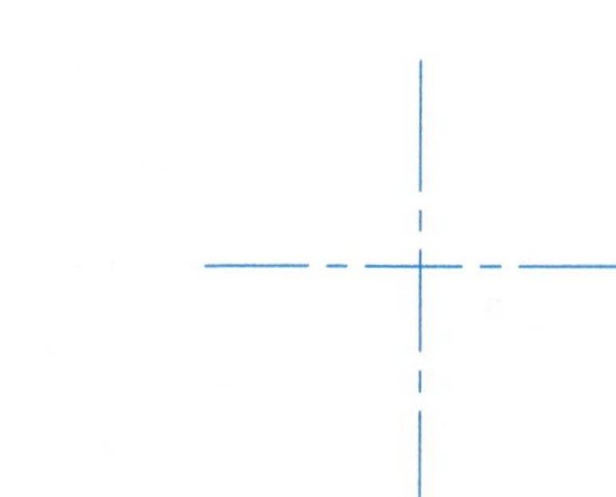

(2)

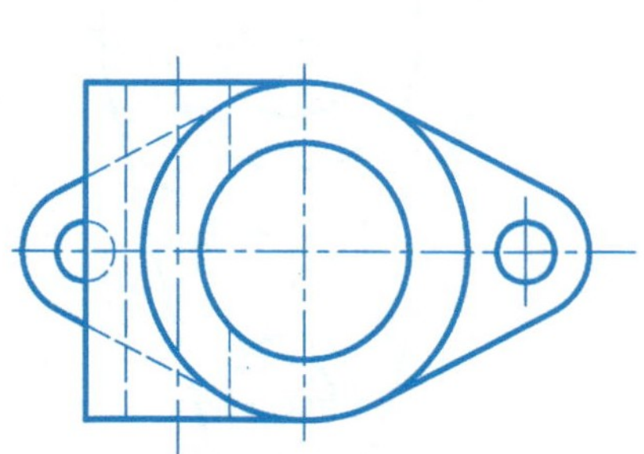

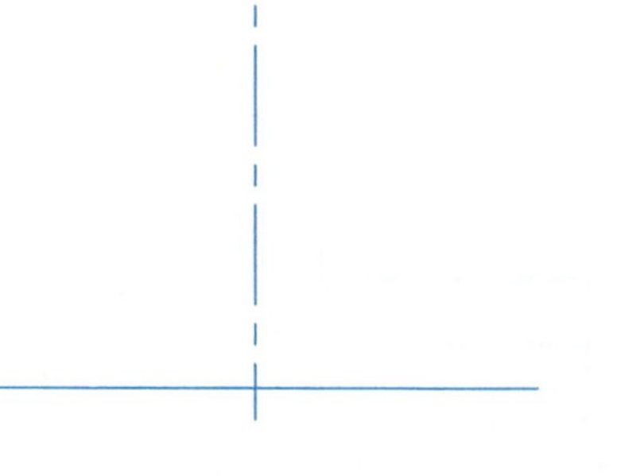

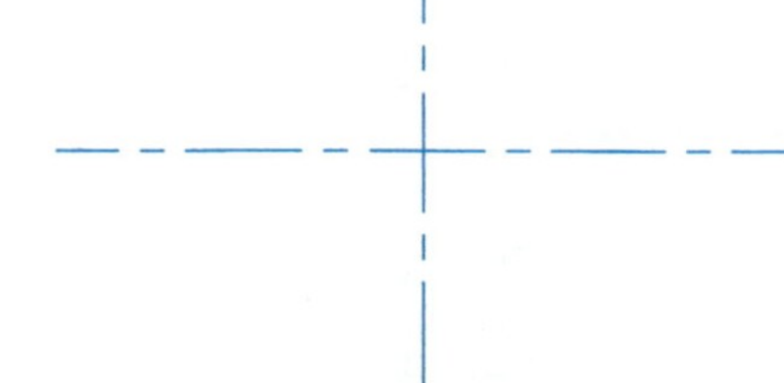

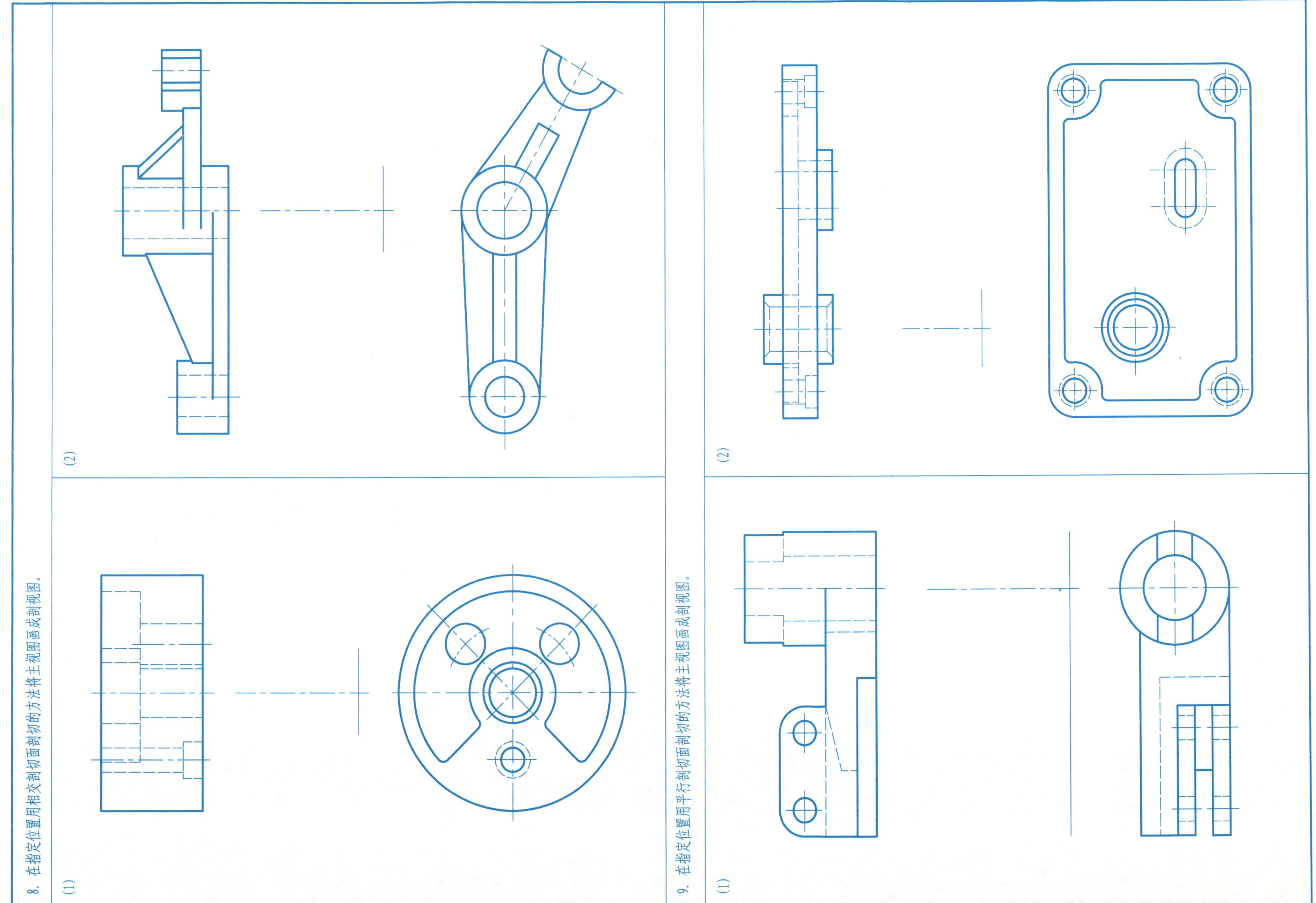

8. 在指定位置用相交剖切面剖切的方法将主视图画成剖视图。

9. 在指定位置用平行剖切面剖切的方法将主视图画成剖视图。

10. 在指定位置作A—A剖视图。

11. 在指定位置作A—A和B—B剖视图。

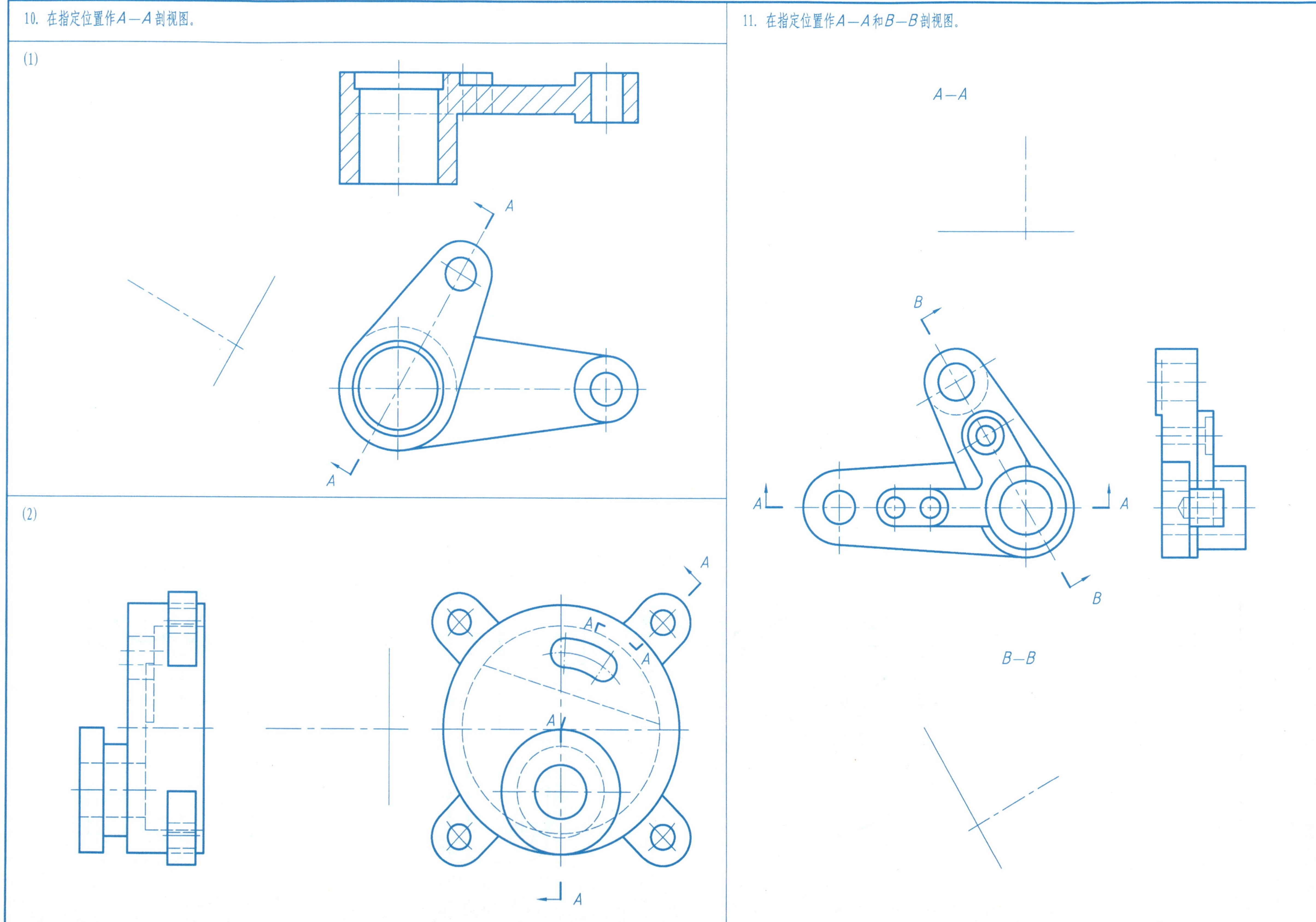

二十三、断面图

班级　　　　姓名　　　　学号

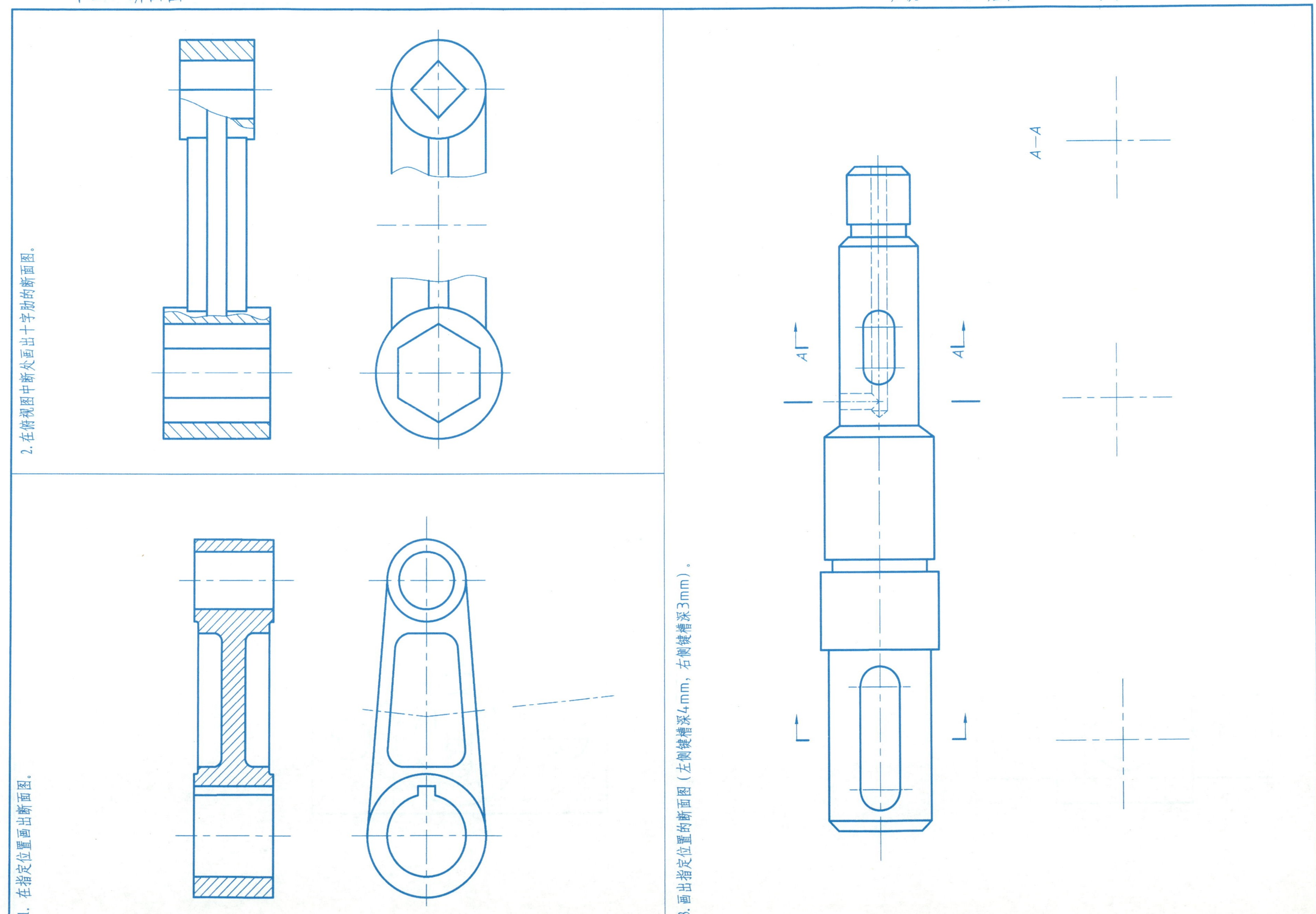

1. 在指定位置画出主视图和左视图，并取适当剖视。

(1)

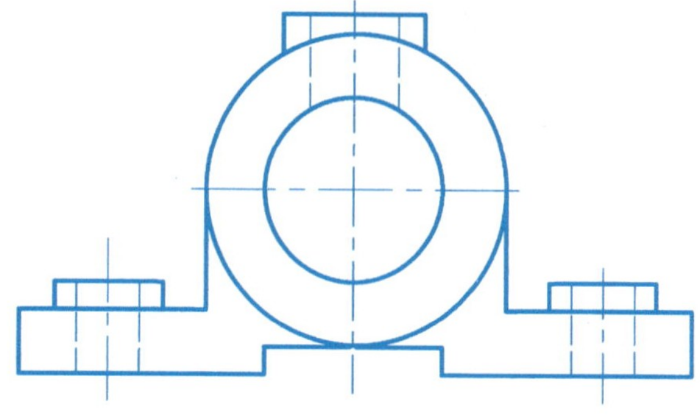

(2)

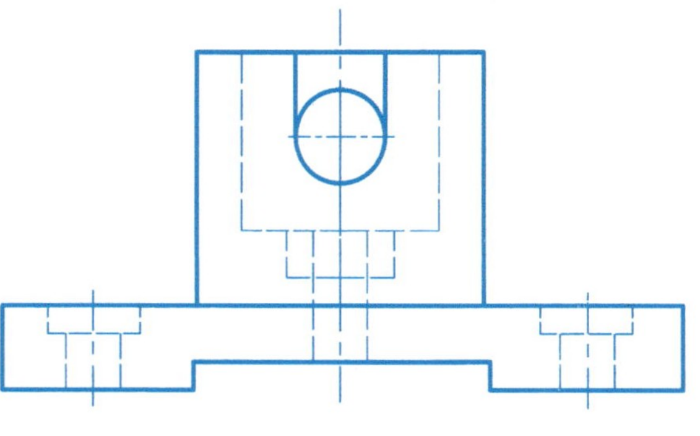

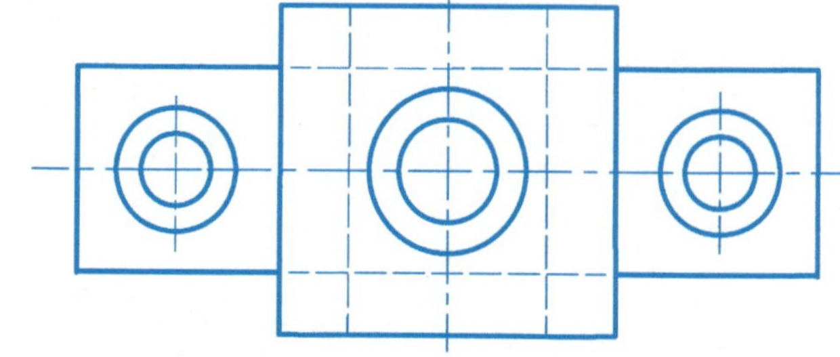

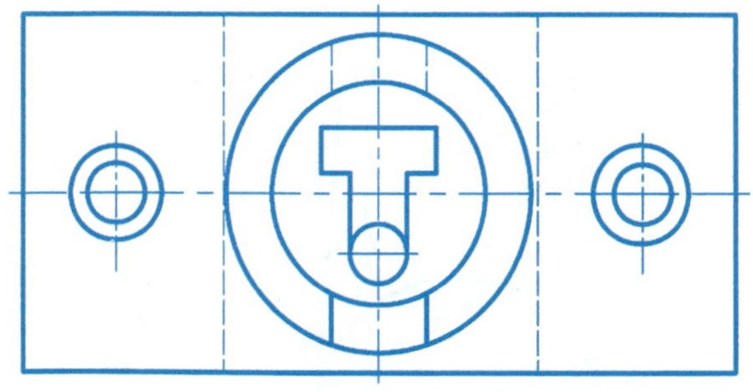

2. 画出左视图并取适当剖视。
A
A
A—A
3. 画出左视图并取适当剖视，在俯视图上作出A—A剖视。
A
A
B
B
A—A

4. 根据给出的视图想象机件的形状，在形体分析的基础上选择适当的表达方案，用1:2的比例画在A3图纸上，并标注尺寸。

(1)

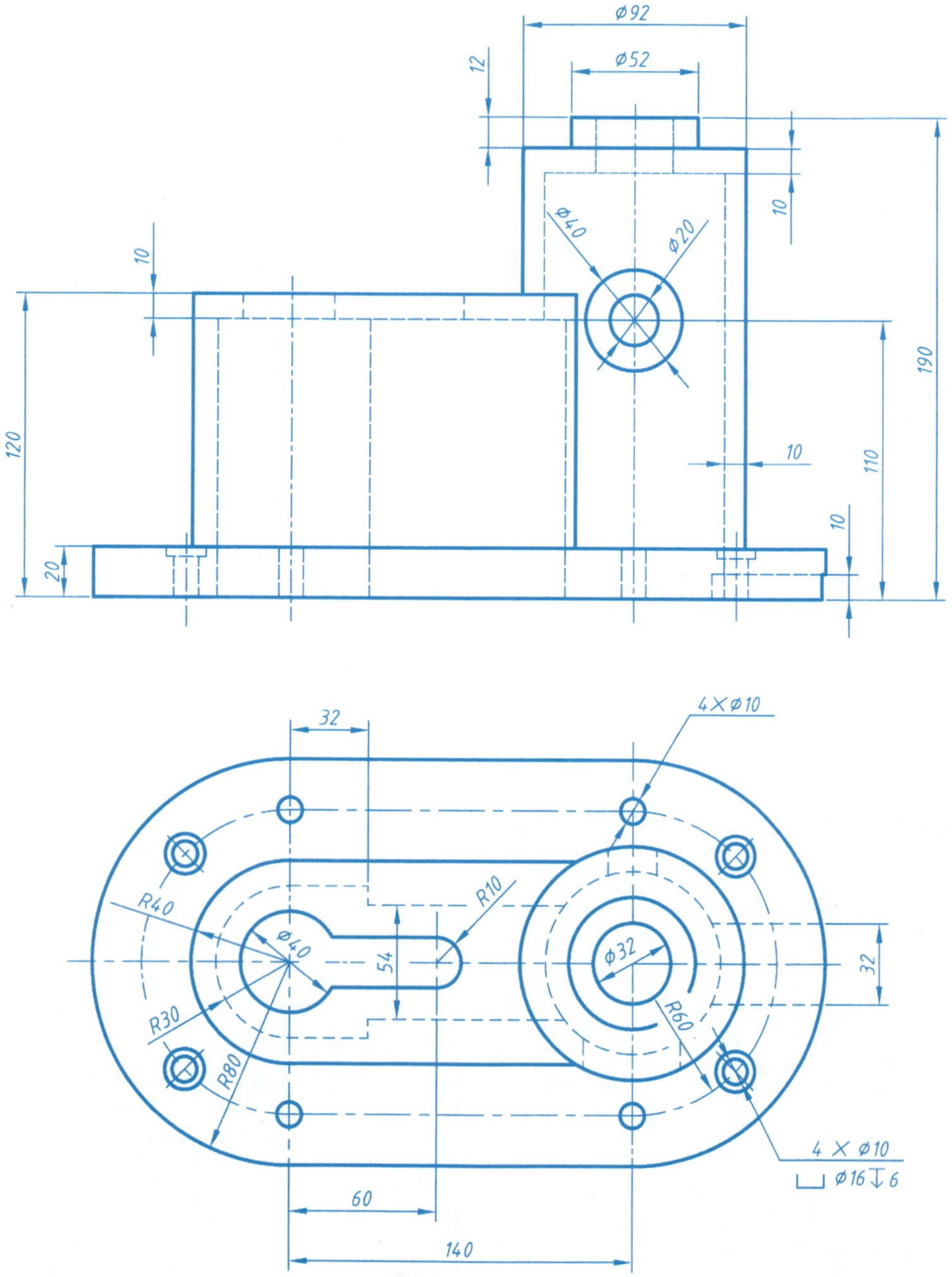

(2)

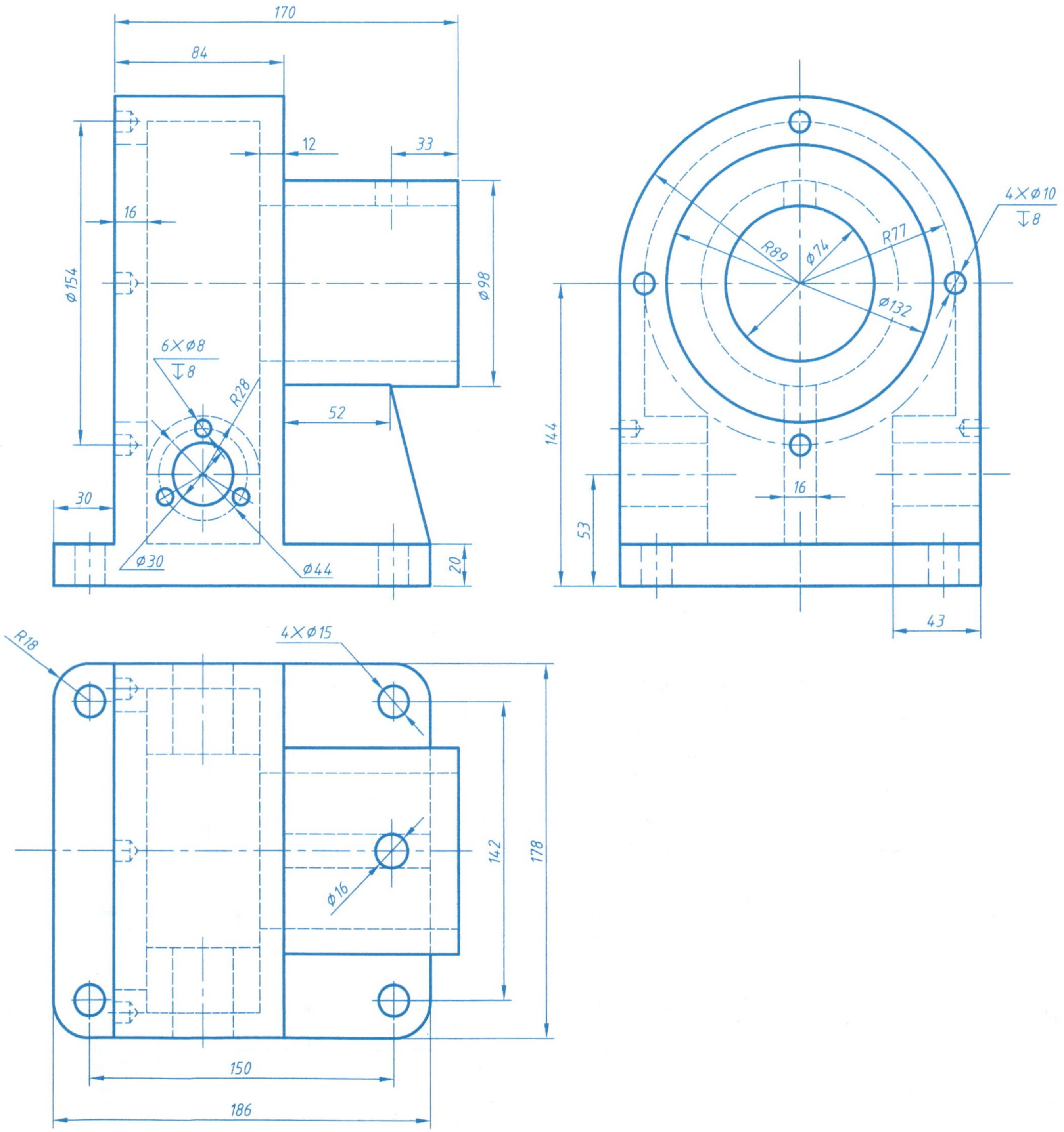

1. 按给定的条件画出M20螺纹的主、左两视图。

(1) 外螺纹：杆长40mm，螺纹长30mm（靠左端），螺纹倒角C2。

(2) 内螺纹：主视图作剖视，左端钻孔深40mm，螺纹深30mm，螺纹倒角C2。

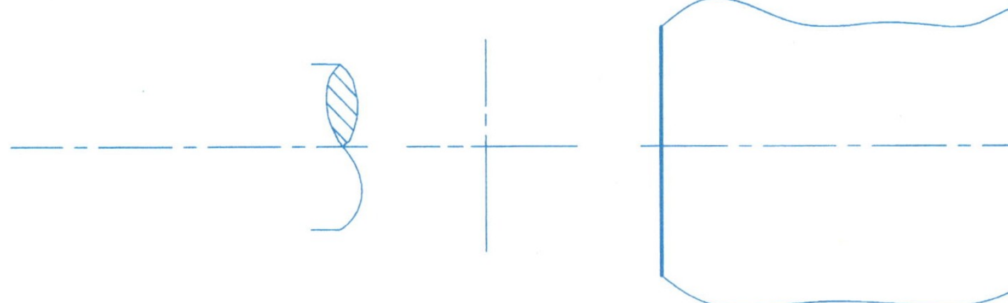

2. 将上题的螺杆调头，在指定位置画出内、外螺纹的联接图。

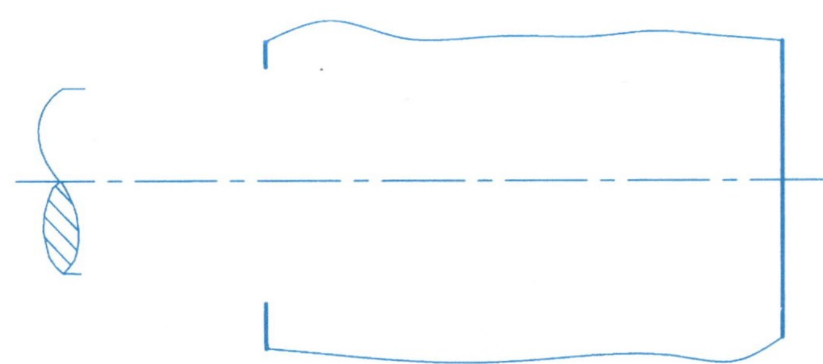

3. 分析下列各图的错误，将正确的图形画在下面。

(1)

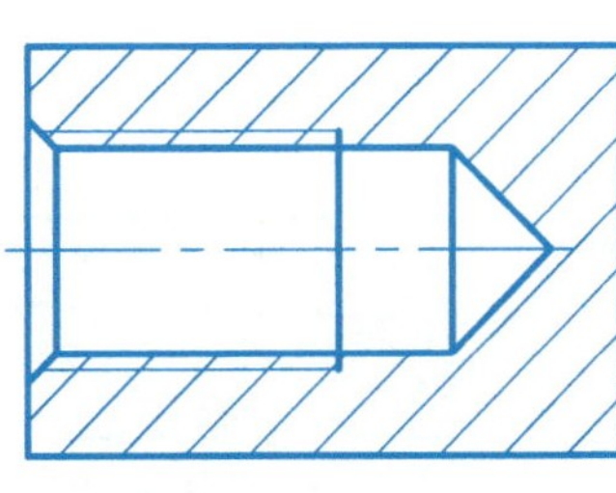

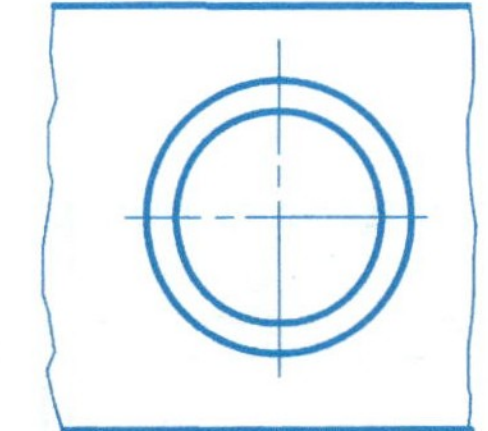

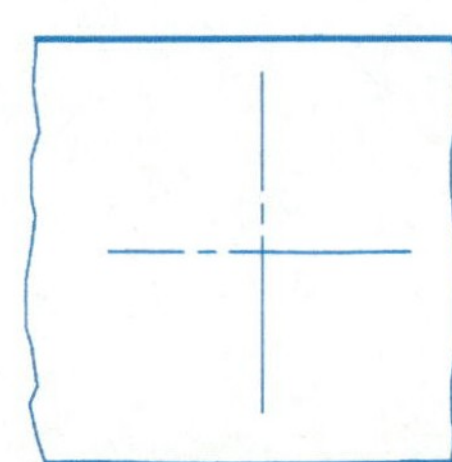

(2)

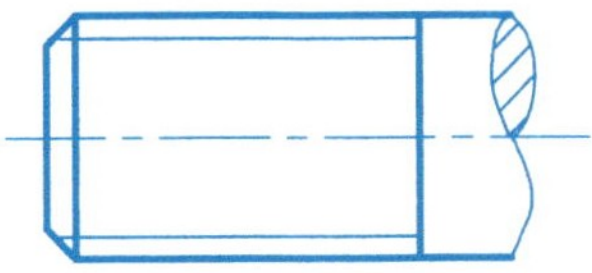

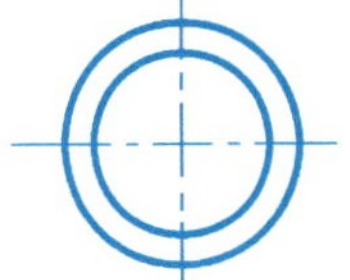

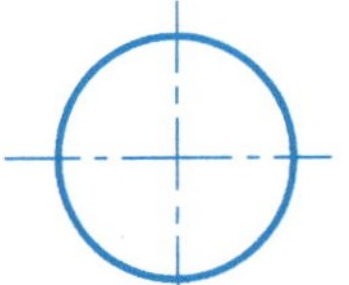

(3)

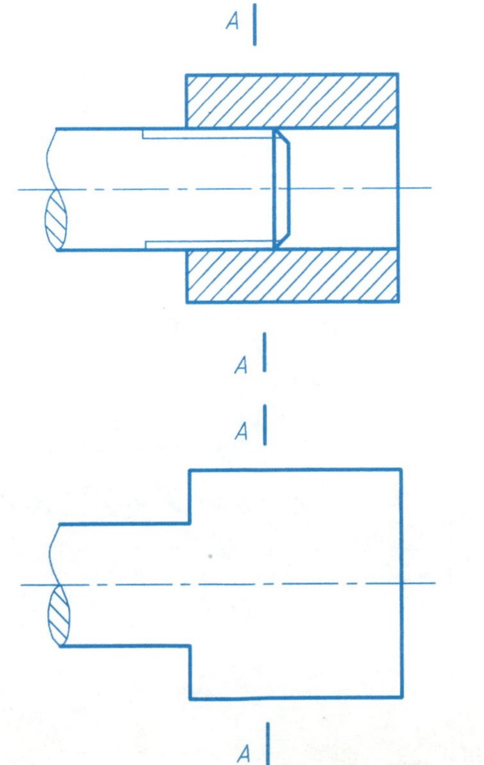

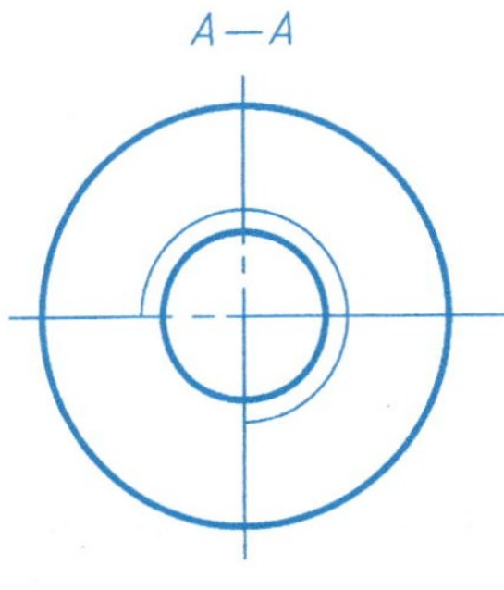

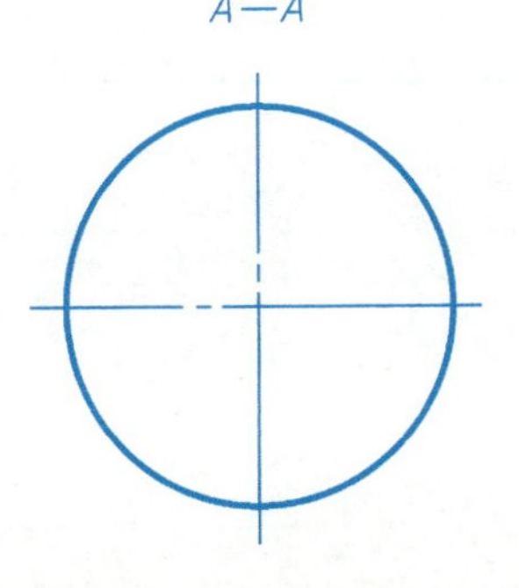

4. 识别螺纹的标记。

螺纹标记	螺纹种类	公称直径/mm	螺距/mm	导程/mm	线数	旋向	中径公差带代号	顶径公差带代号	旋合长度代号	内外螺纹
M10-6H										
M10×1-5H-S										
M20-6g										
M16×1.5-6g7g-L										
Tr32×12(P6)LH-8H-L										

螺纹标记	螺纹种类	尺寸代号	公差等级	内外螺纹	旋向	管子孔径/mm	螺纹大径/mm	螺纹小径/mm
G1								
G1/2A-LH								

(3) 55°非密封管螺纹，尺寸代号为3/4，公差等级为A级。

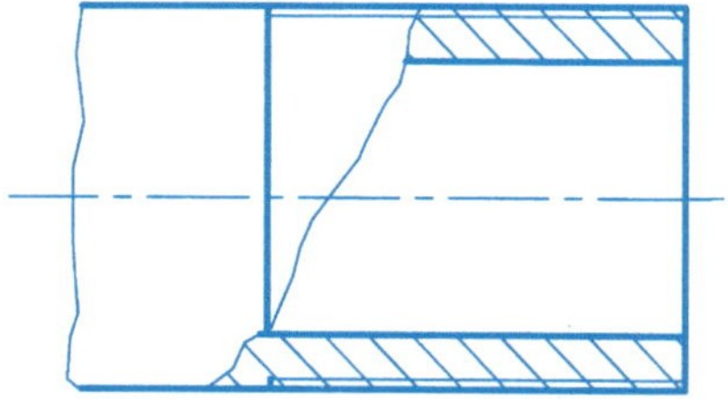

(4) 55°非密封管螺纹，尺寸代号为3/4。

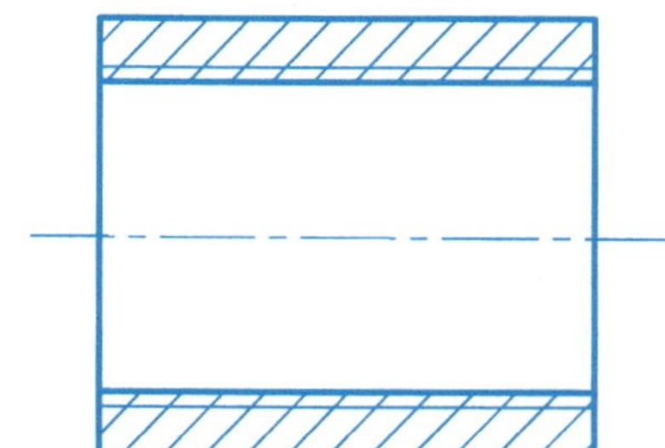

5. 按给定的螺纹要素在图中标注螺纹代号。

(1) 粗牙普通螺纹，大径20mm，螺距2.5mm，右旋。

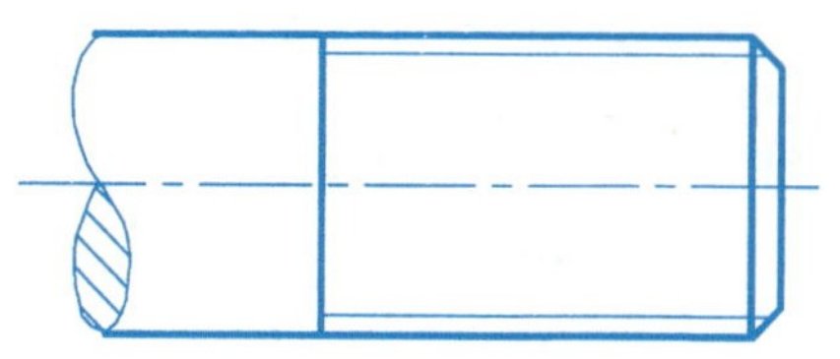

(2) 细牙普通螺纹，大径20mm，螺距1mm，左旋。

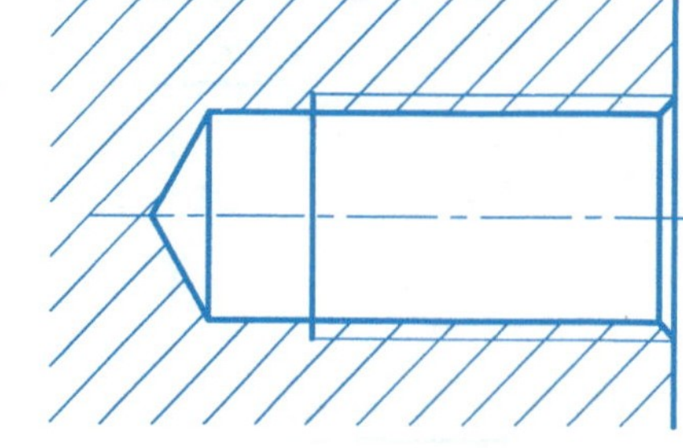

(5) 梯形螺纹，公称直径26mm，螺距5mm，左旋。

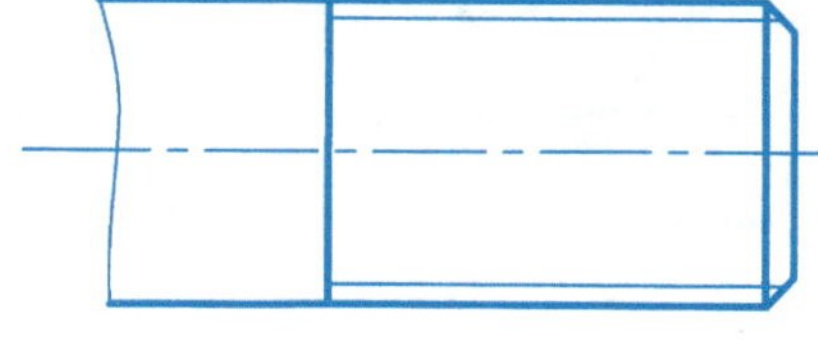

(6) 梯形螺纹，公称直径60mm，导程16mm，双线，右旋。

二十六、螺纹联接件（一）

班级　　姓名　　学号

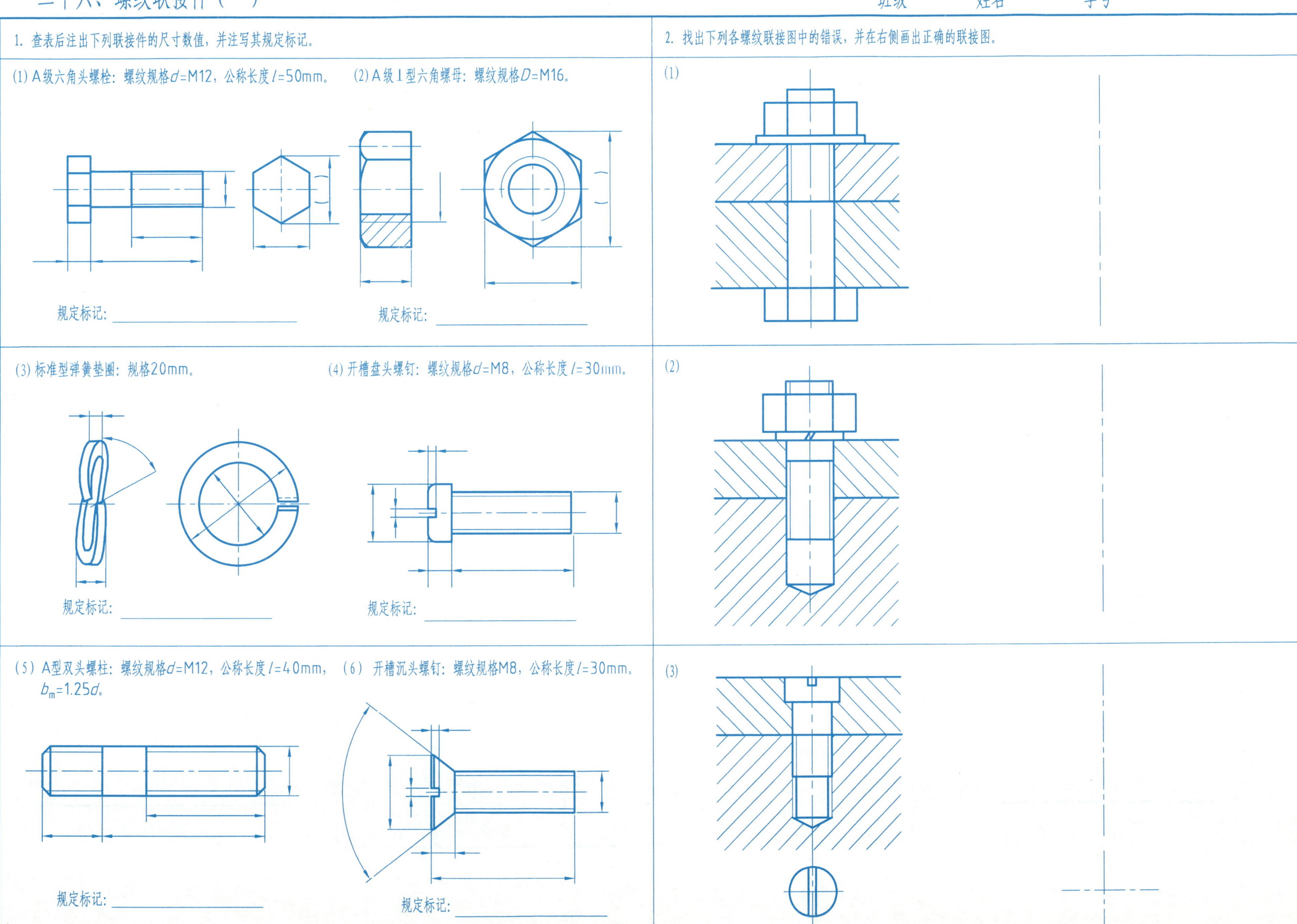

3. 将A3图纸横放，画螺纹联接件的联接图。

(1)用比例画法画螺栓联接图（主视图取剖视），比例为1:1。

已知：螺栓GB/T5782 M16×80

螺母GB/T6170 M16

垫圈GB/T97.1 16

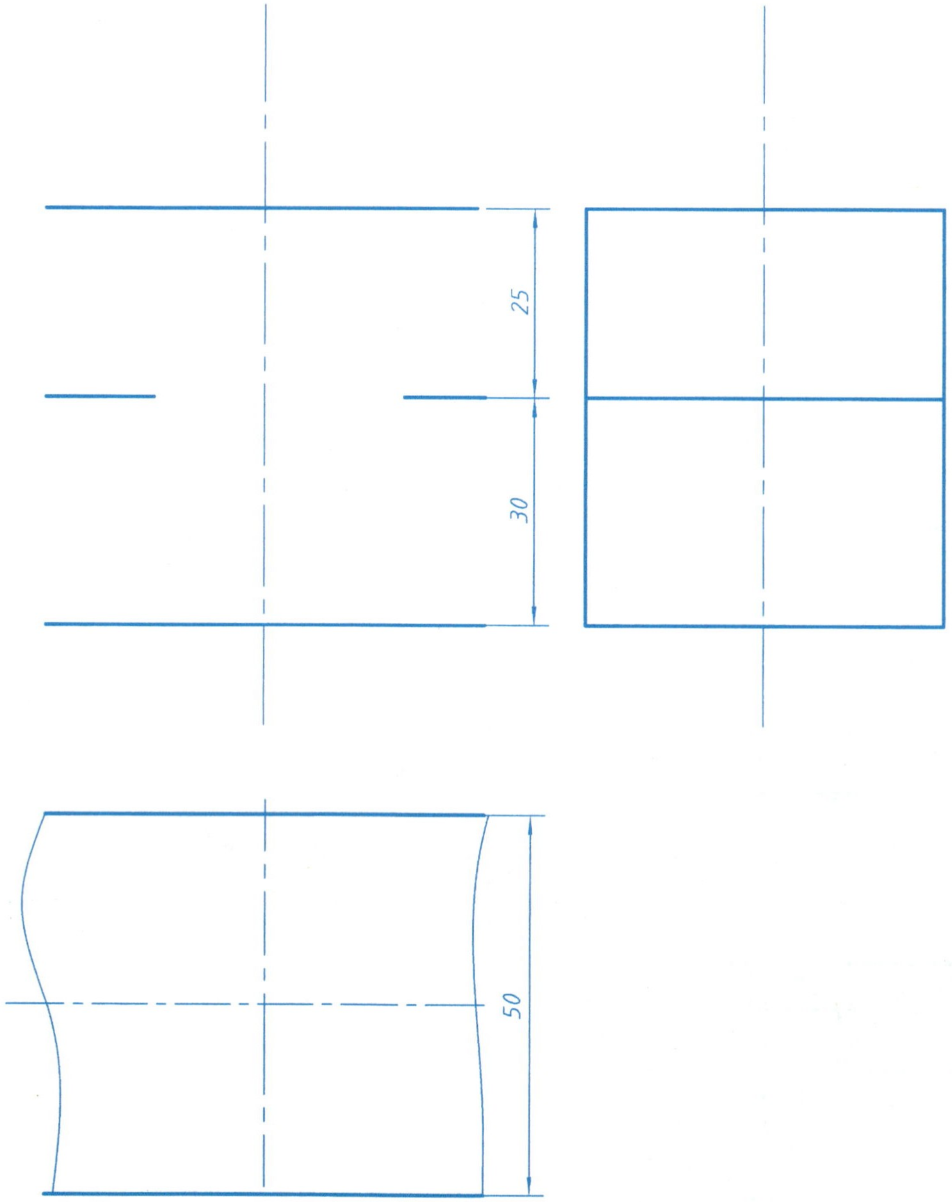

25

30

50

(2)用比例画法画螺柱联接的两视图（主视图取剖视），比例为1:1。

已知：螺柱GB/T898 M16×50

螺母GB/T6170 M16

垫圈GB/T93 16

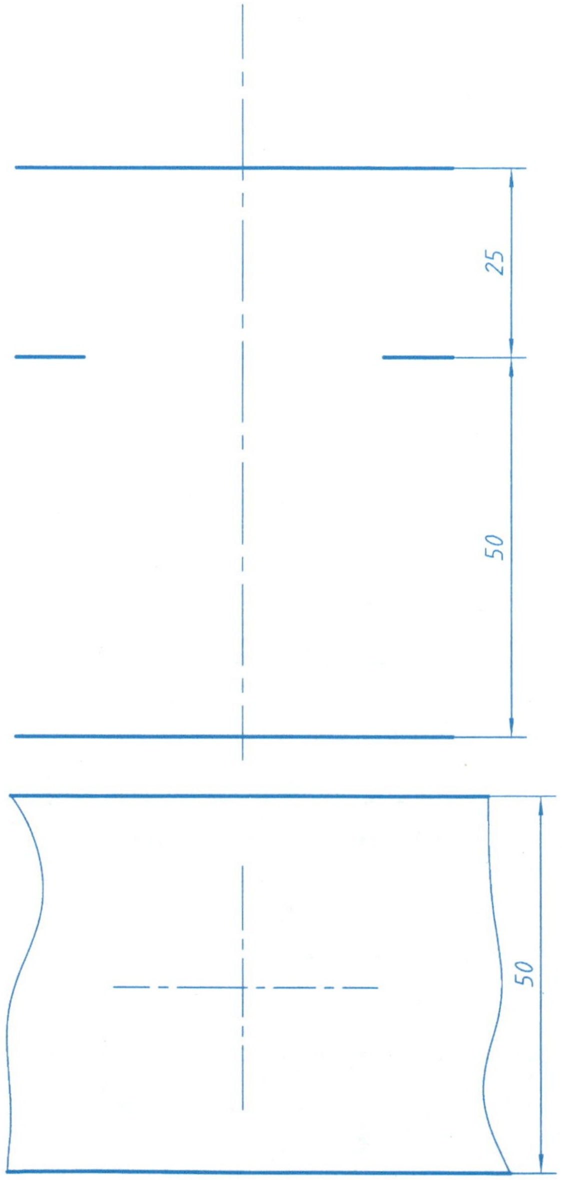

25

50

50

(3)用查表法画螺钉联接的两视图（主视图取剖视），比例为2:1。

已知：螺钉GB/T68 M8×25

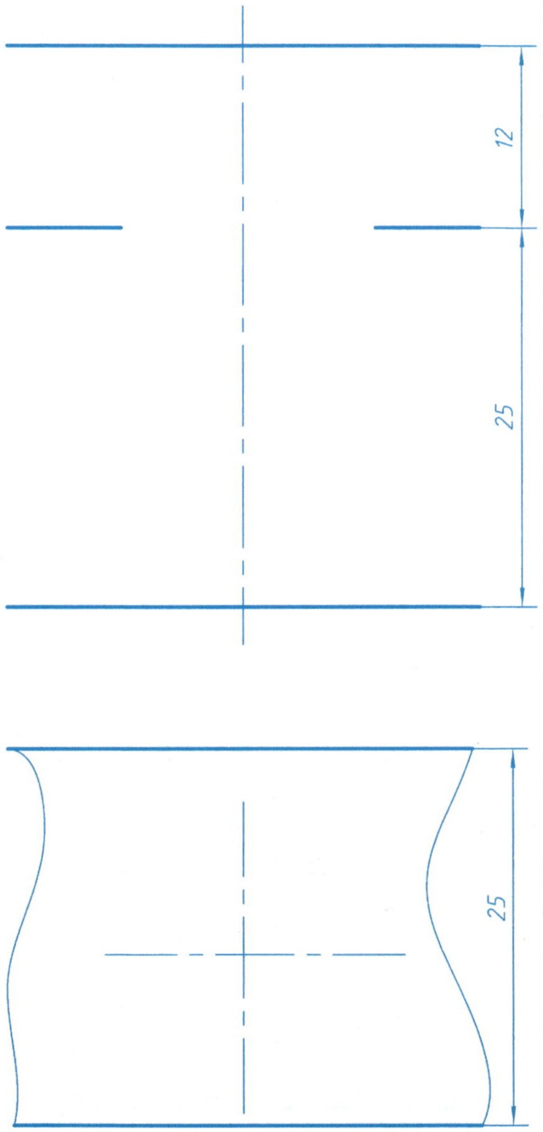

12

25

25

二十七、普通平键及其联接

班级　　　　姓名　　　　学号

1. 画出$A-A$断面图，并注全键槽尺寸（键槽尺寸查表）。

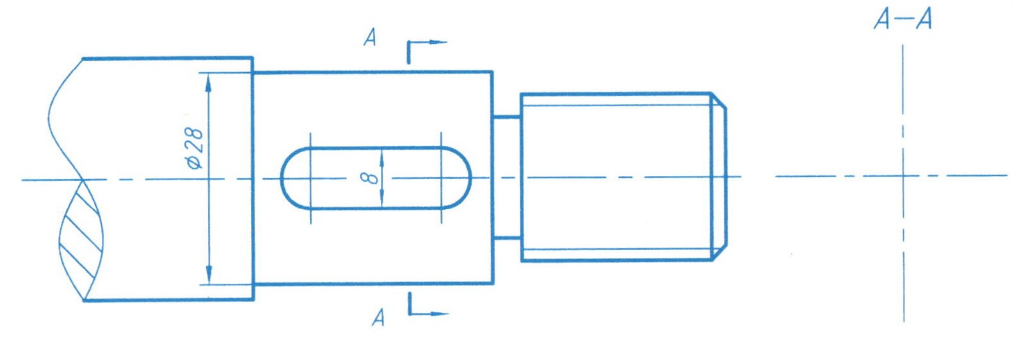

2. 画出齿轮键槽的剖视图及其局部视图，并注全键槽尺寸(键槽宽8mm)。

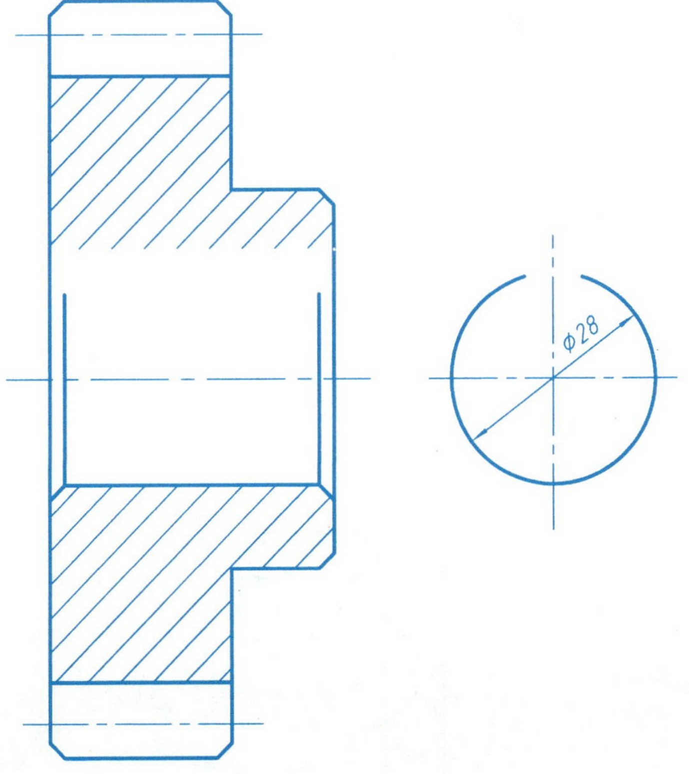

3. 将题1、题2中的轴和齿轮装配在一起，试完成普通平键联接的装配图。

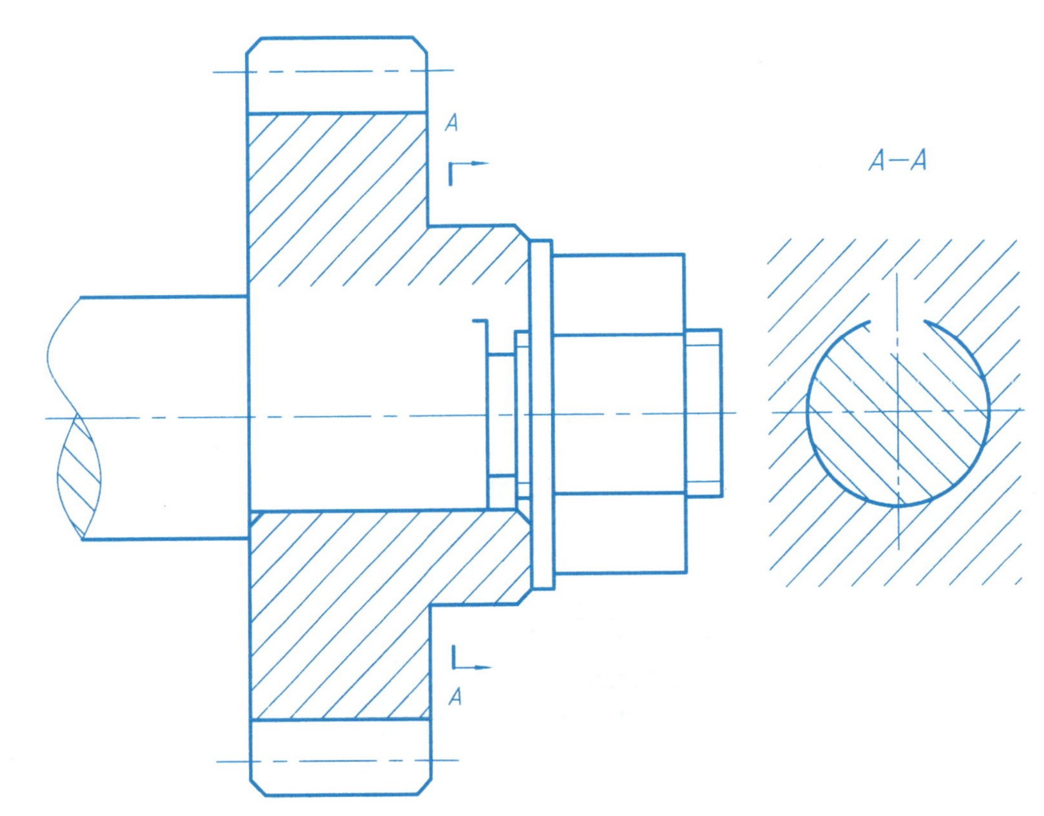

键的规定标记：________________

1. 已知圆柱螺旋压缩弹簧外径D_2=42mm，簧丝直径d=6mm，节距t=12mm，有效圈数n=6，支承圈数n_z=2，右旋。画出此弹簧剖视图。

2. 将题1. 所画弹簧装入图示部位（将弹簧的自由高度H_0压缩为58mm）。

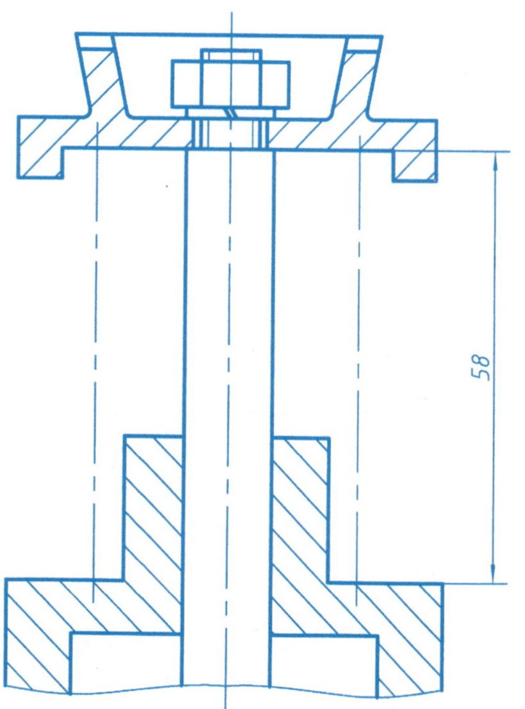

3. 销联接画法。

(1)用"销 GB/T 119.1 5×24"联接轴和齿轮，完成其装配图。

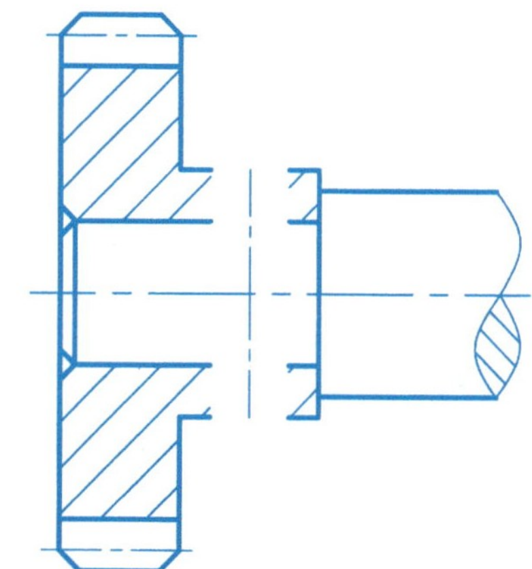

(2)用"销 GB/T 117 4×16"联接两零件，完成其装配图。

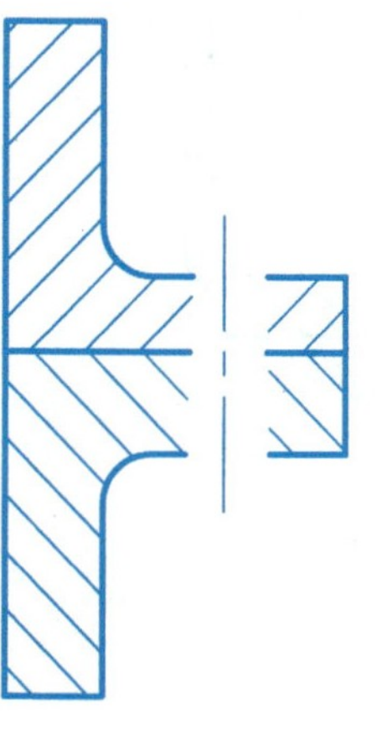

班级　　　姓名　　　学号

1. 已知m=3mm、z=26的直齿圆柱齿轮，计算其分度圆、齿顶圆和齿根圆直径，补全两视图，并注全尺寸。轮齿倒角C1。

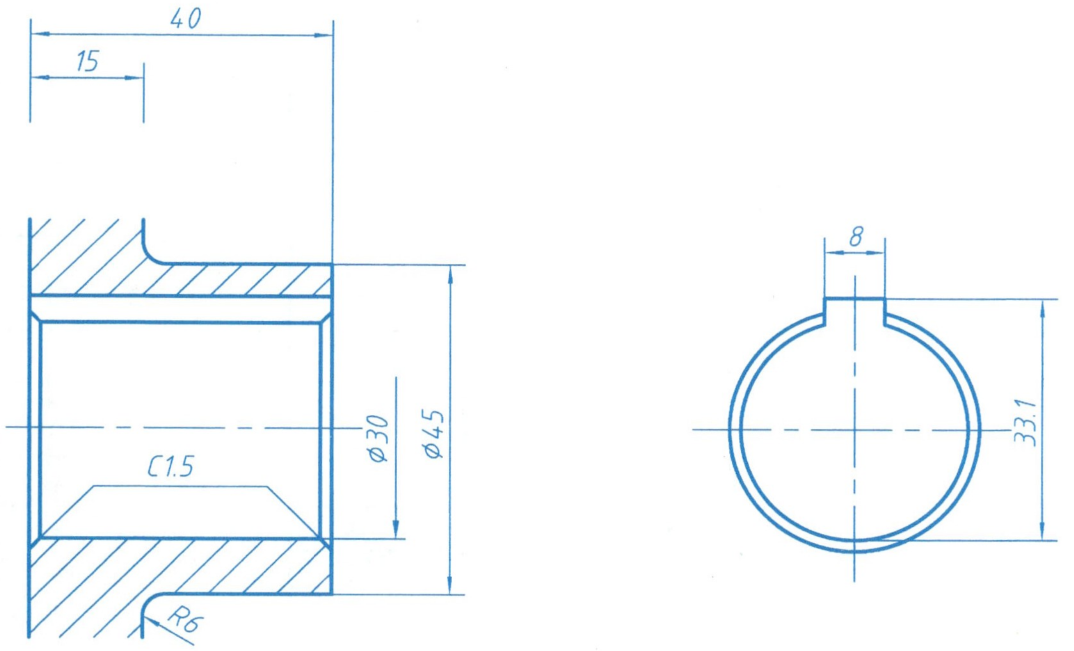

2. 一对直齿圆柱齿轮啮合，已知$z_1=18$，$z_2=36$，中心距为81mm。试计算大、小齿轮的几何参数及传动比（其中小齿轮为主动轮），并完成啮合图。

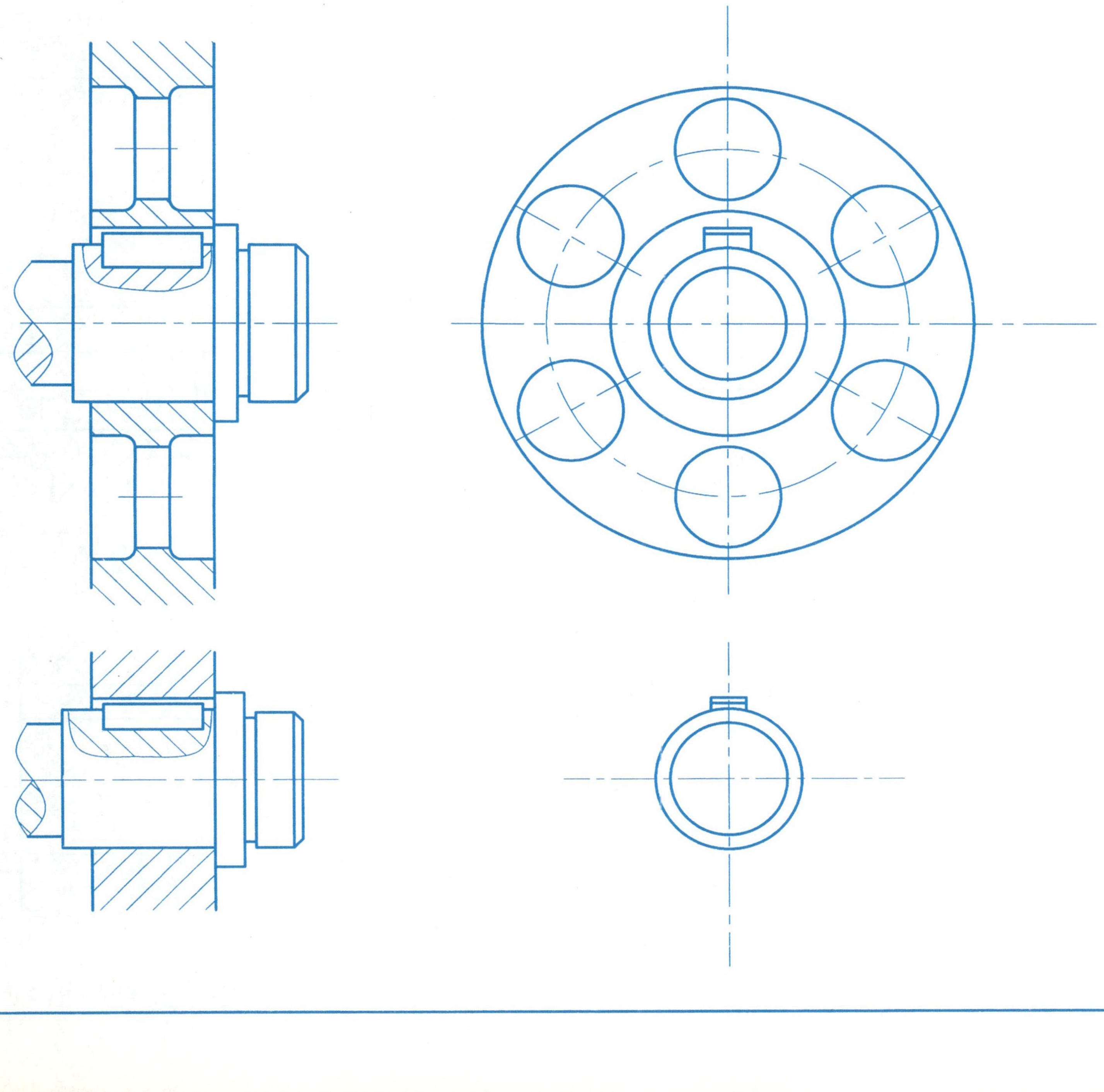

大齿轮：

d=

d_a=

d_f=

小齿轮：

d=

d_a=

d_f=

传动比：

i=

1.根据图中的配合代号，注出零件图中配合表面的尺寸偏差值（查表）。

2.下图为滚动轴承支座装配图。

已知：(1)轴径与轴承内圈的配合为：公称尺寸20mm，基孔制，轴的公差带代号为k6，组成过渡配合。

(2)减速箱壁孔与轴承外圈的配合为：公称尺寸47mm，基轴制，孔的公差带代号为K7，组成过渡配合。

(3)减速箱壁孔与端盖的配合为：公称尺寸47mm，采用混合配合，箱壁孔的公差带仍为K7，端盖配合表面公差带代号为f7。

求：(1)将各配合表面的配合代号注在装配图上。

(2)在零件图中查表注出各配合表面的尺寸极限偏差值。

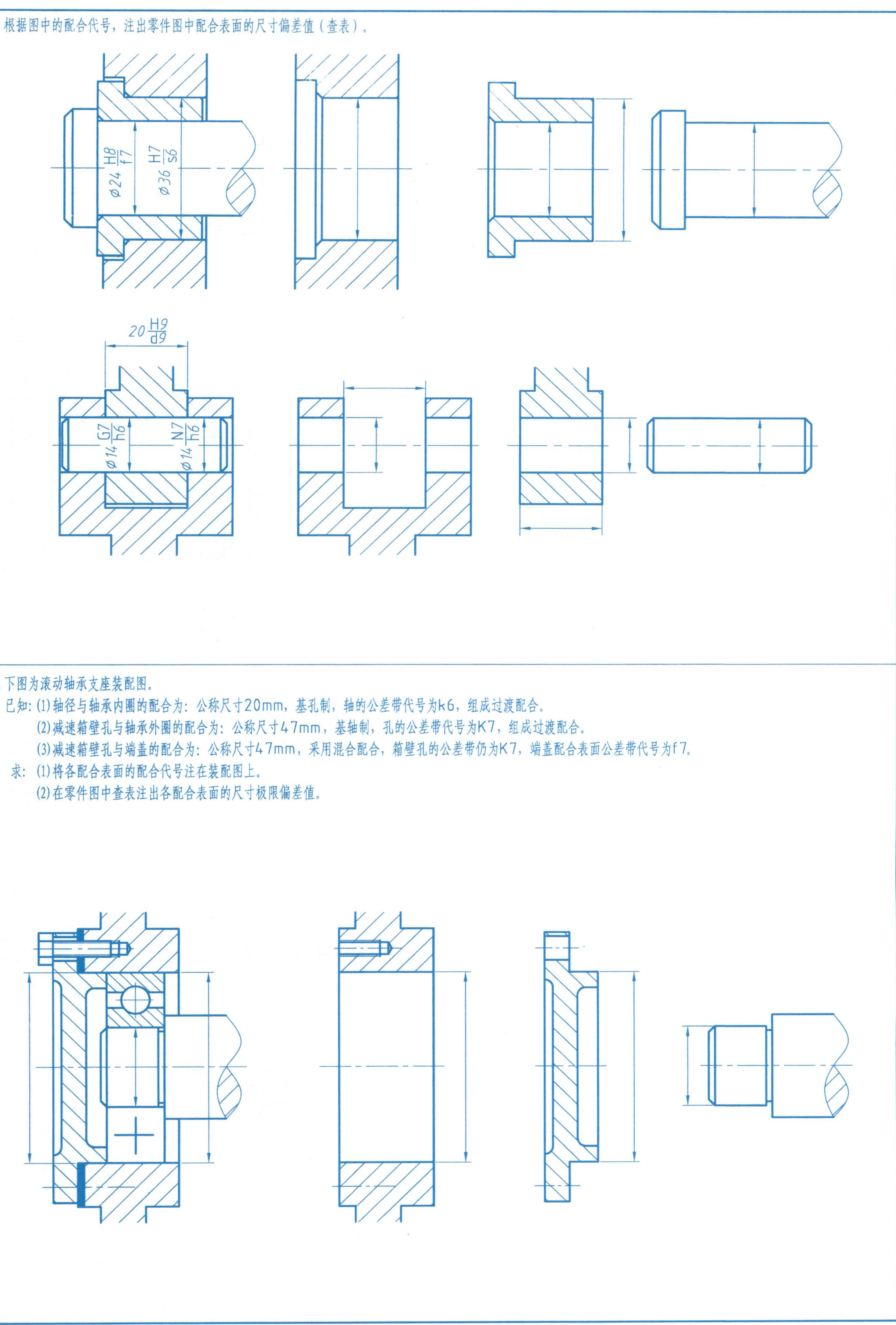

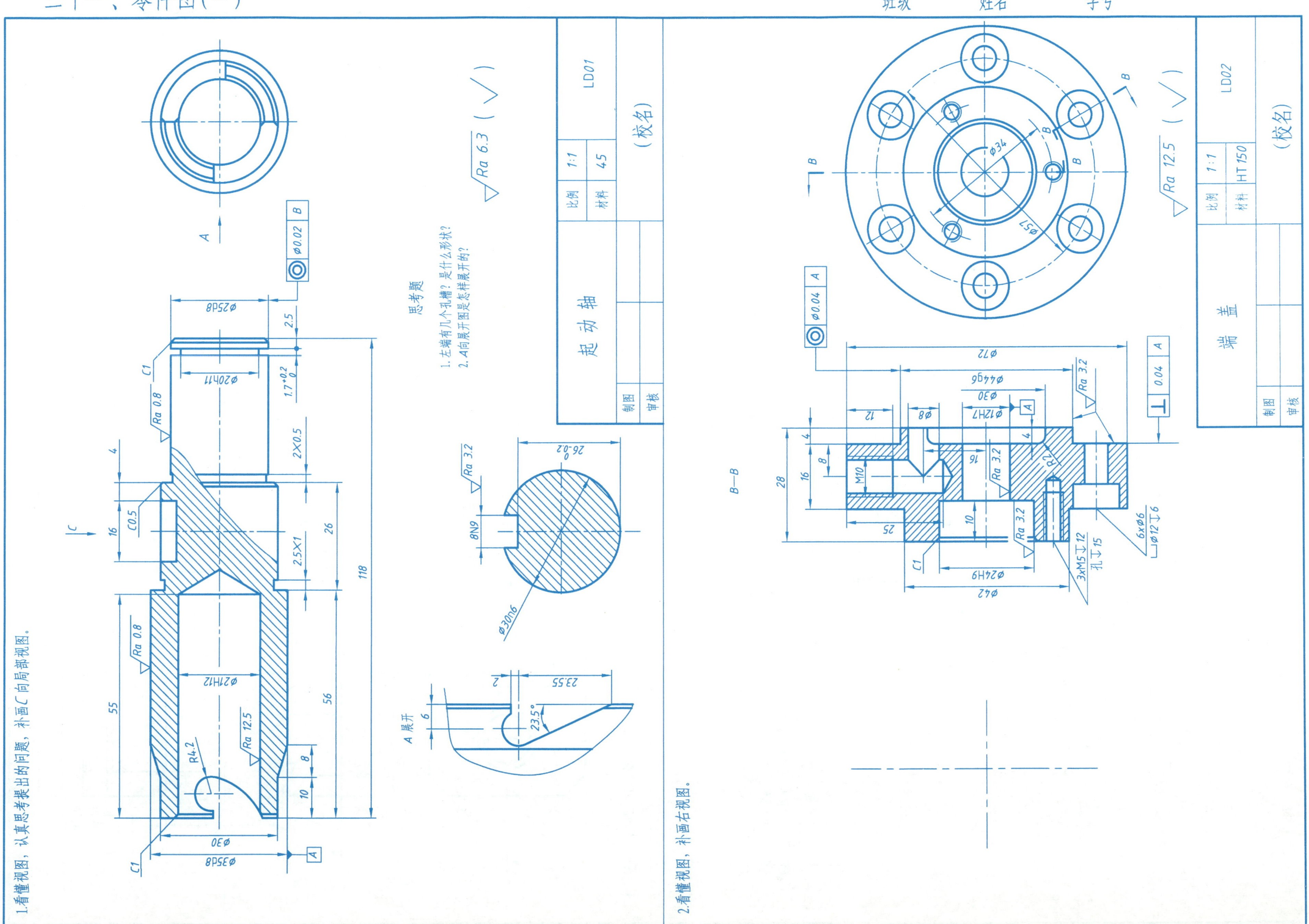
1.看懂视图，认真思考提出的问题，补画C向局部视图。
思考题
1.左端有几个孔槽？是什么形状？
2.A向展开图是怎样展开的？
A展开
Ra 6.3 (√)
起动轴
比例 1:1
材料 45
LD01
(校名)
制图
审核
2.看懂视图，补画右视图。
B—B
Ra 12.5 (√)
端盖
比例 1:1
材料 HT150
LD02
(校名)
制图
审核

3.看懂视图，补画B—B断面图。

4.看懂视图，补画B—B半剖视图。

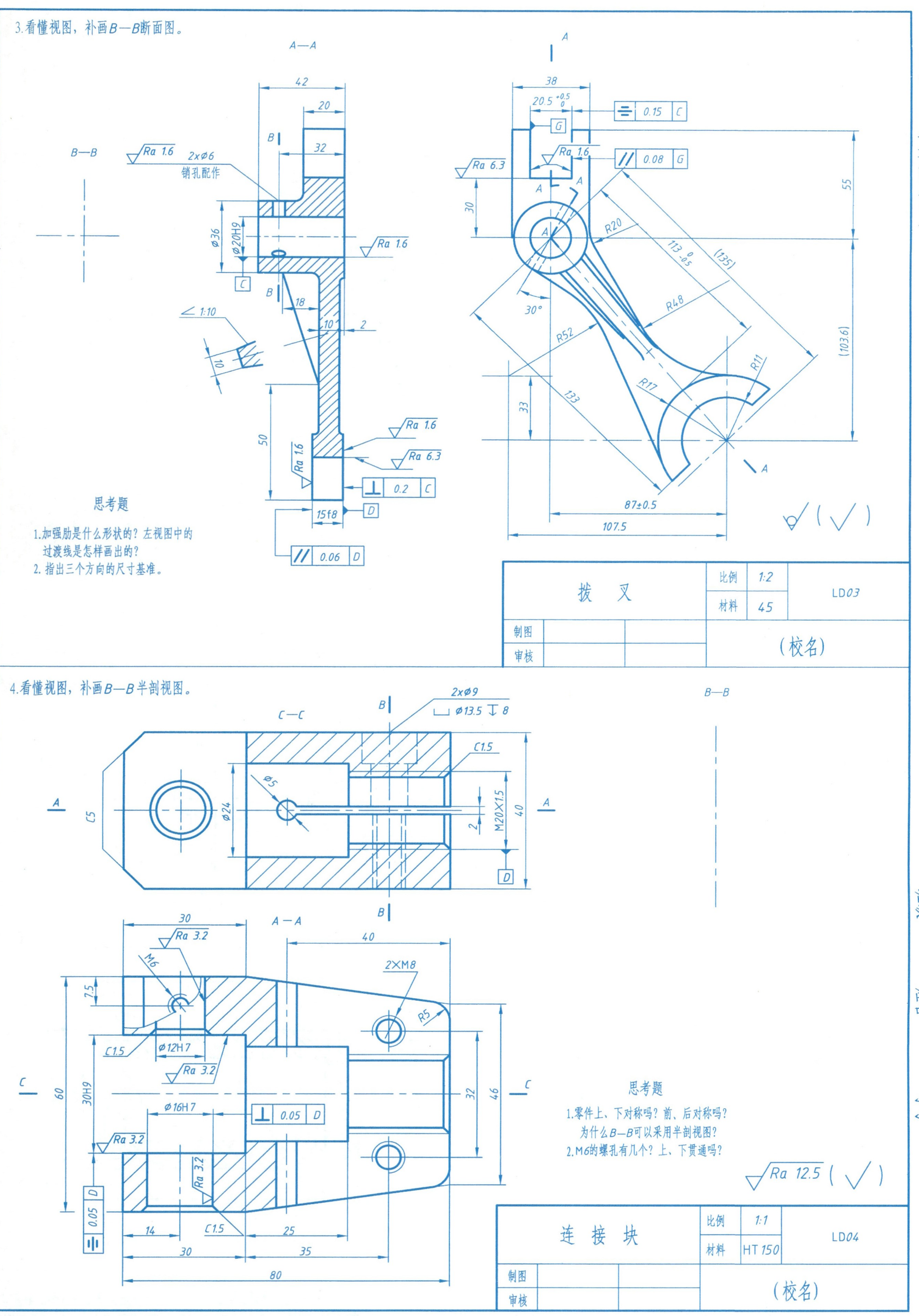

5. 看懂视图，补画E向外形视图。

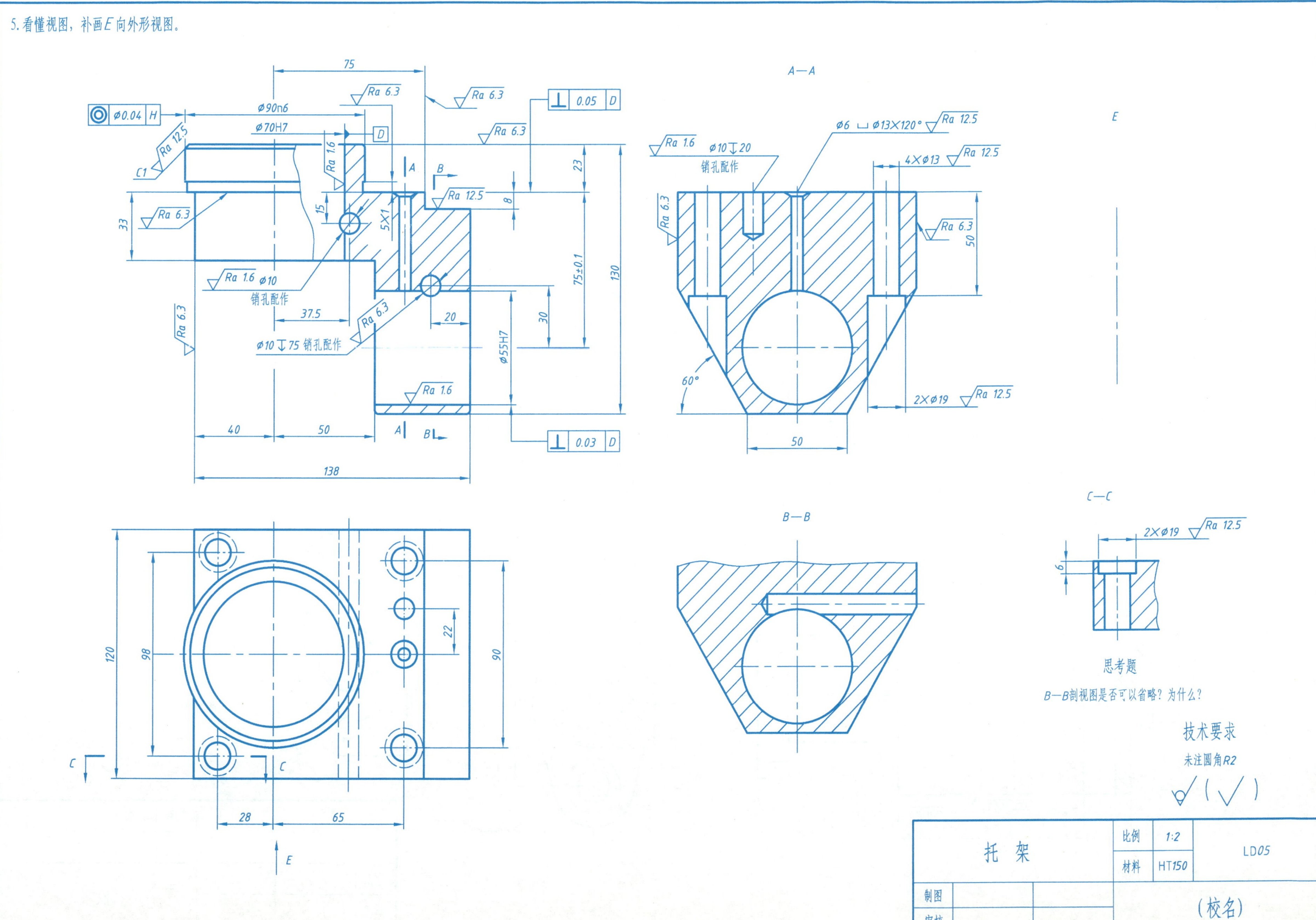

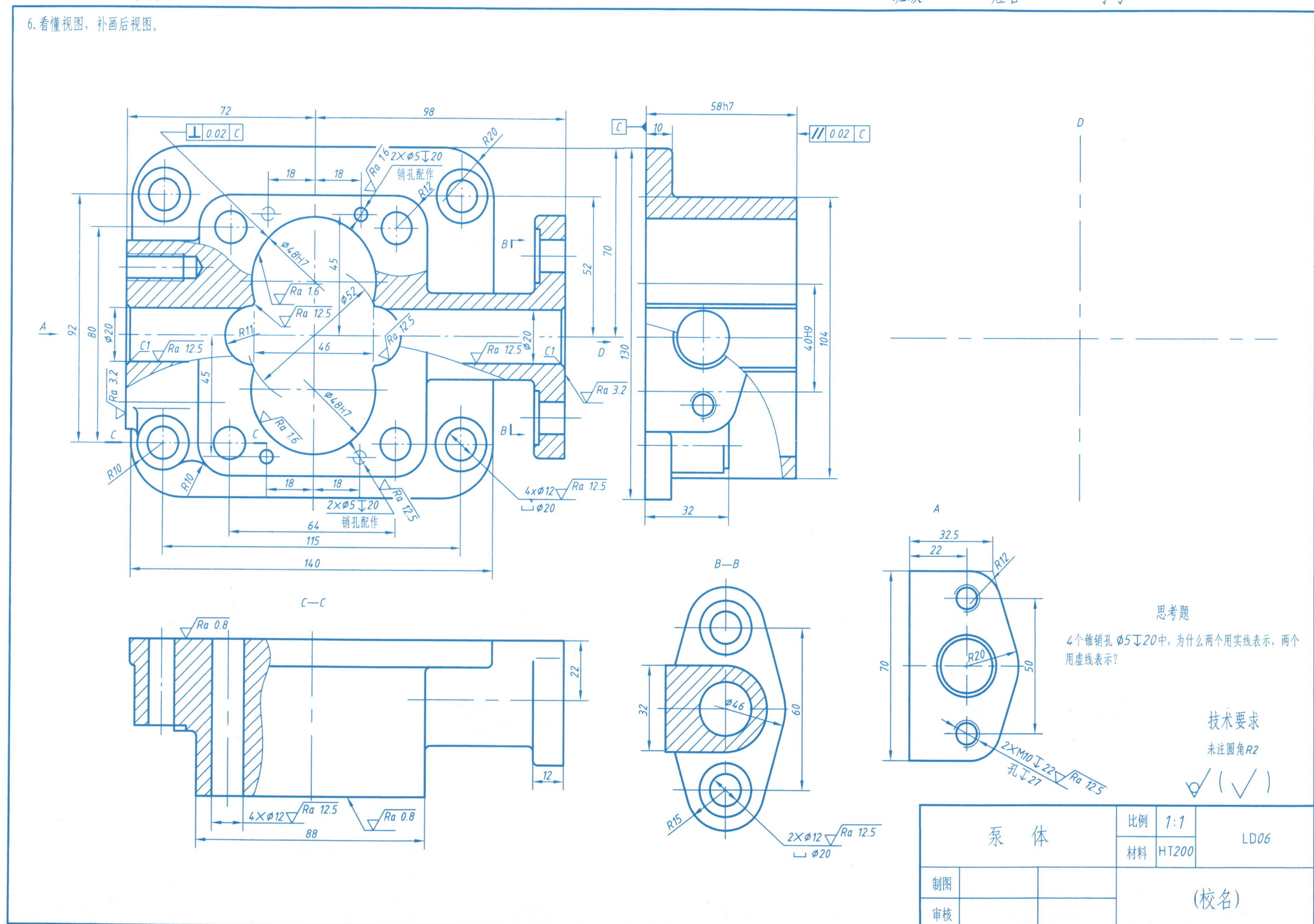
6. 看懂视图，补画后视图。
思考题
4个锥销孔 φ5↧20中，为什么两个用实线表示，两个用虚线表示？
技术要求
未注圆角R2
泵　体
比例 1:1
材料 HT200
LD06
制图
审核
（校名）
C—C
B—B
A
2×φ5↧20 销孔配作
4×φ12 ⌴φ20
2×M10↧22 孔↧27
2×φ12 ⌴φ20

7. 根据表中给定的表面结构代号，在视图中标注相应的表面结构。

(1)

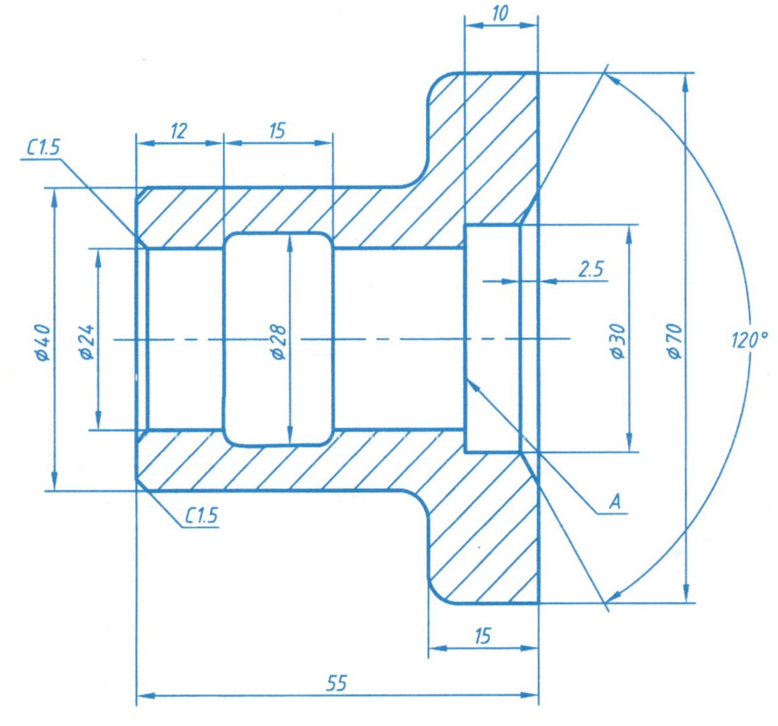

表面	表面结构代号
左、右端面、120°圆锥面	√Ra 12.5
Φ24圆柱面	√Ra 3.2
C1.5倒角	√Ra 6.3
Φ30圆柱面、A面	√Ra 12.5
其余表面	√(○)

(2)

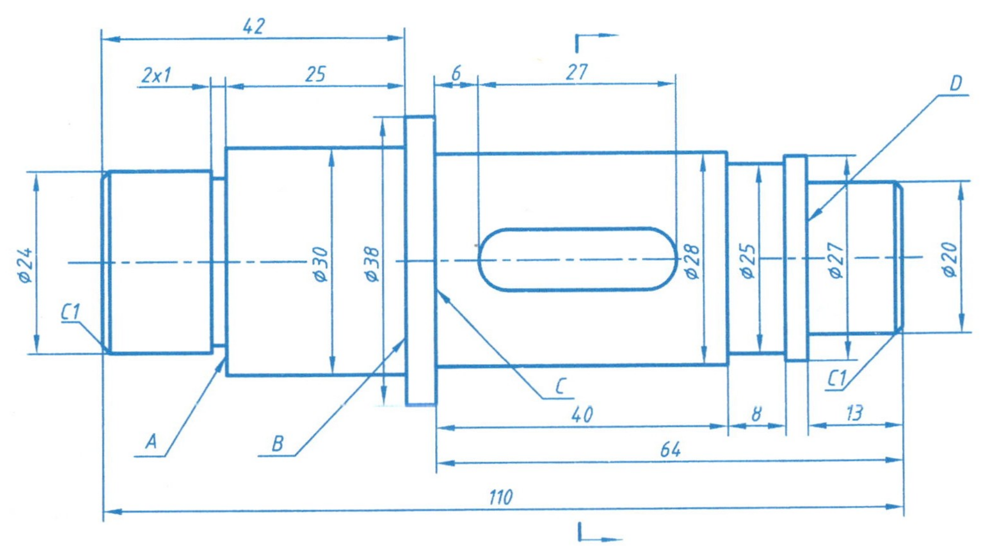

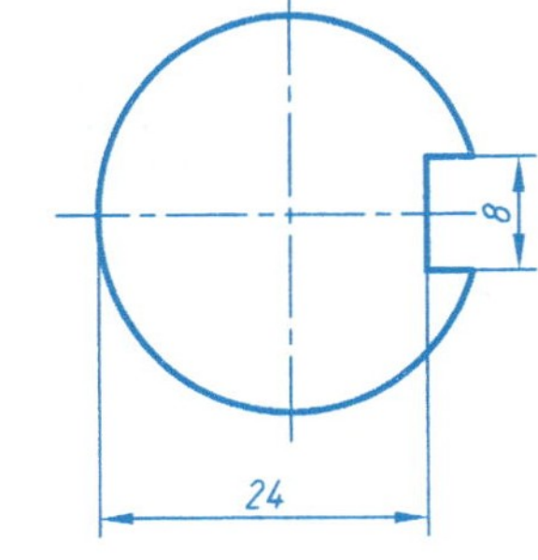

表面	表面结构代号
Φ24、Φ30、Φ28、Φ20圆柱面	√Ra 1.6
A、B、C、D面	√Ra 6.3
C1倒角	√Ra 6.3
键槽侧面、底面	√Ra 3.2
其余表面	√Ra 12.5

三十二、装配图(一)

班级　　　　姓名　　　　学号

1. 根据千斤顶的零件图绘制装配图。

要求：

(1) 看懂零件图，了解各零件的形状、结构及其作用。

(2) 对照示意图，了解各零件的相对位置及其装配关系。

(3) 了解千斤顶的工作原理。

(4) 选择表达方案。将A3图纸横放，按1:1的比例画装配图。

千斤顶工作原理简介：

千斤顶是利用螺旋传动来顶升重物的。工作时，绞杠4穿在螺旋杆3顶部的孔中，旋动绞杠，螺旋杆在螺套6中靠螺纹作上、下移动，顶垫1上的重物靠螺旋杆的上升而顶起。螺套镶在底座7里，并用螺钉5定位。螺旋杆的球面形顶部套一顶垫，靠螺钉2与螺旋杆联接而不固定，以防顶垫随螺旋杆一起旋转而脱落。

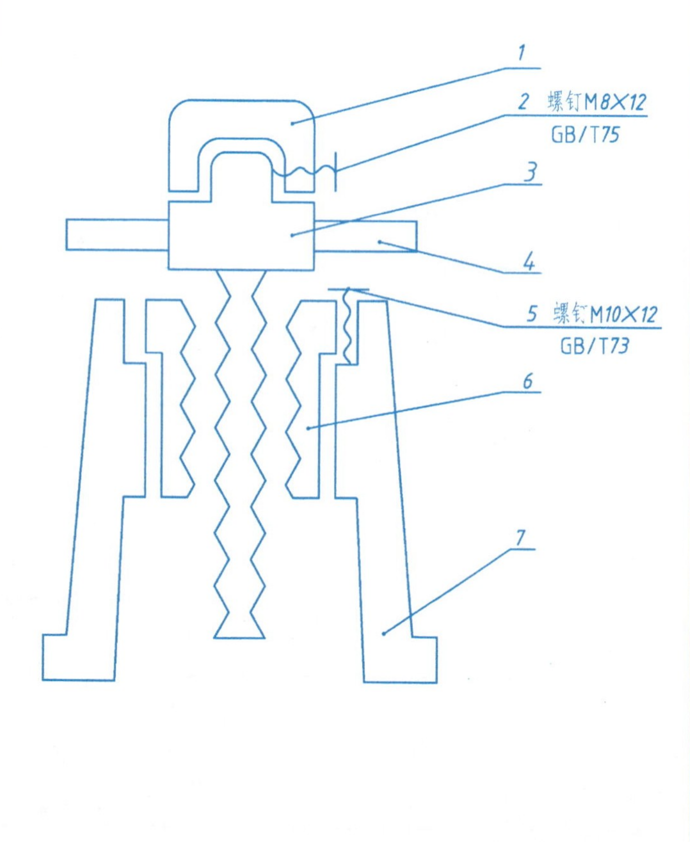

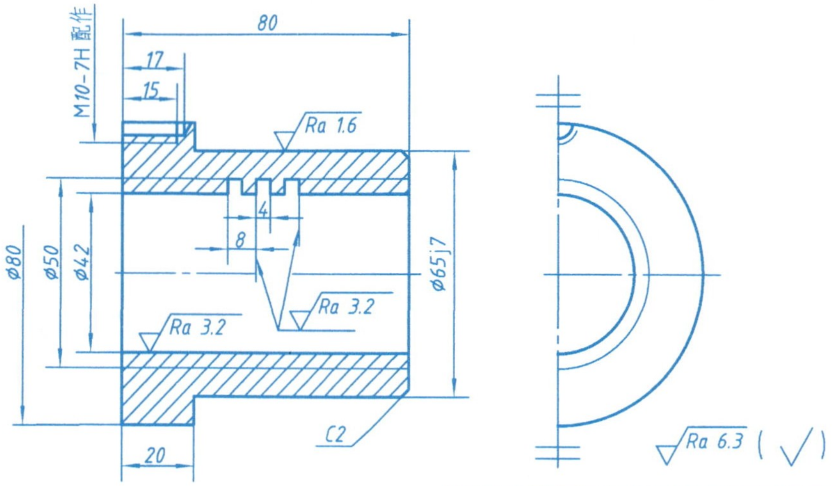

螺　套		QAT9-4	06—06

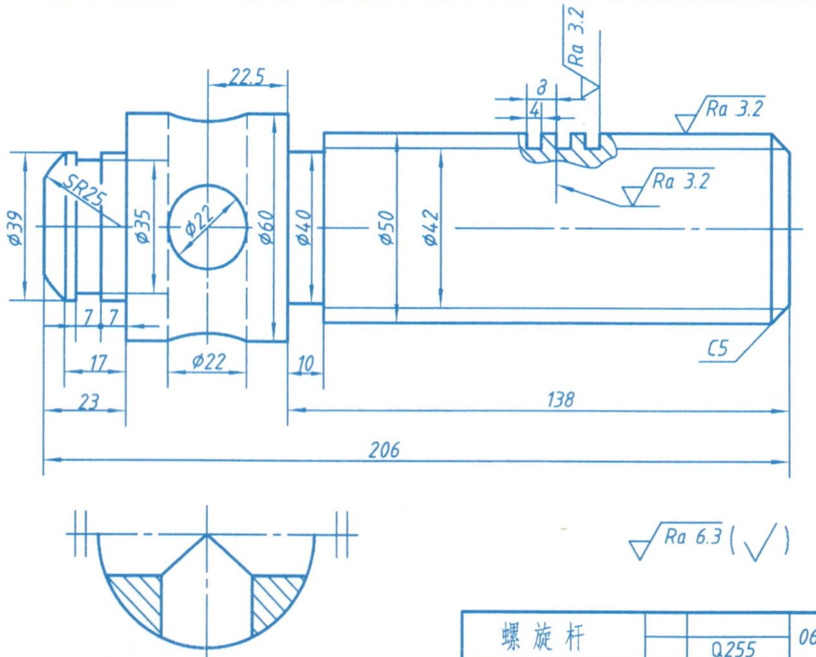

螺旋杆		Q255	06—03

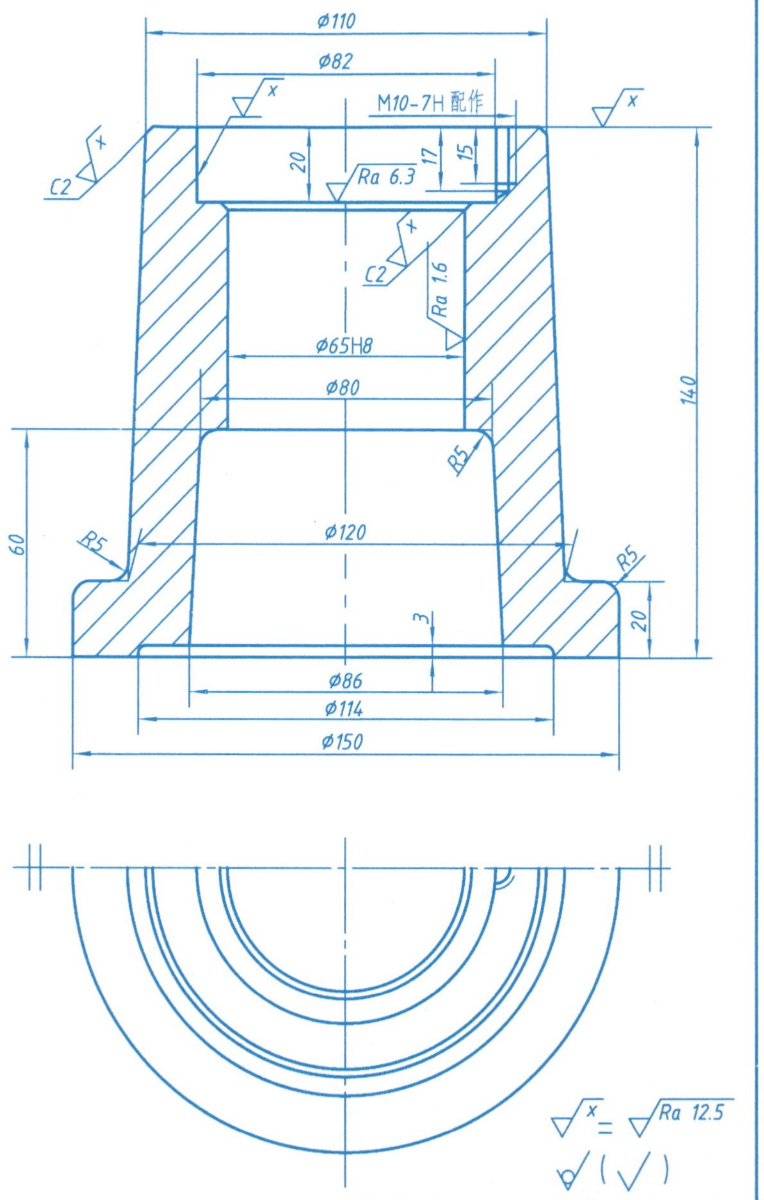

底　座		HT200	06—07

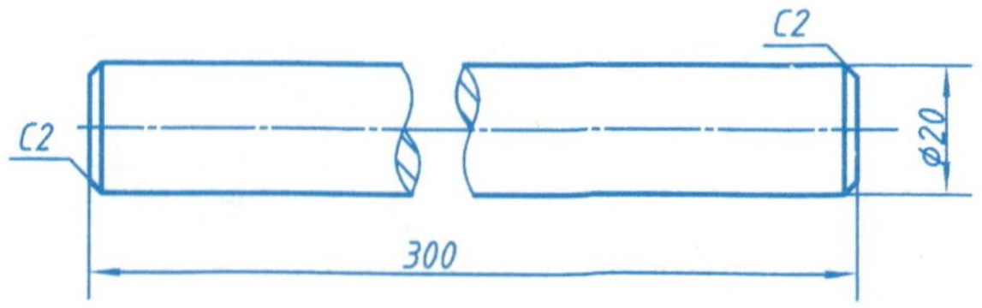

绞　杠		Q215	06—04

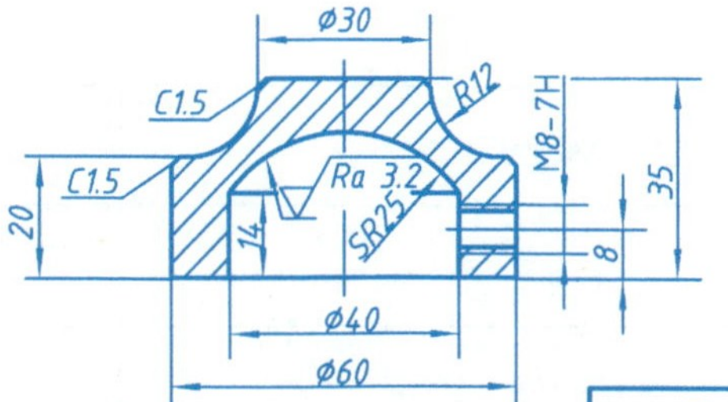

顶　垫		Q275	06—01

2. 根据齿轮泵的零件图绘制装配图。

要求:

(1) 看懂零件图，了解各零件的形状、结构及其作用。

(2) 对照示意图，了解各零件的相对位置及其装配关系。

(3) 了解齿轮泵的运动关系和工作原理。

(4) 选择表达方案。将A2图纸横放，按2:1的比例画装配图。

齿轮泵工作原理简介:

齿轮泵是一种输油装置，常用于机床的润滑系统。泵体3中央有一个8字形空腔，里面装有一对啮合的齿轮9，空腔两侧各有一个螺孔。

当主动轴6作旋转运动时，啮合的齿轮也开始转动(齿轮和轴用销10联接)。由于齿轮的啮合运动，在8字形空腔的一侧产生局部真空，形成低压区，油池内的油在大气压力作用下经吸油口进入低压区。随着齿轮的转动，齿槽中的油液不断沿着转动方向被带至另一侧的压油口将油挤出，完成输油工作。

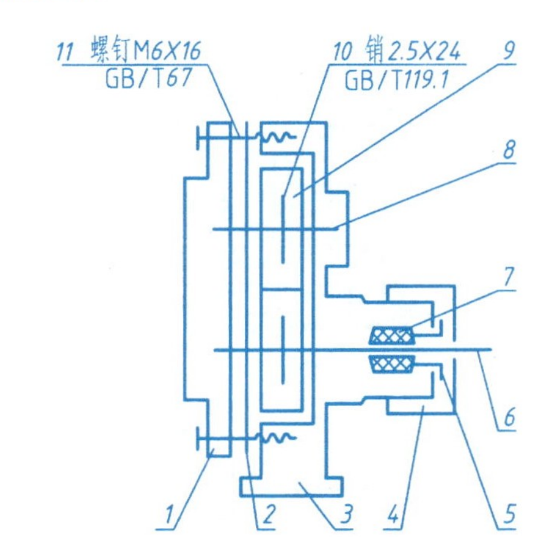

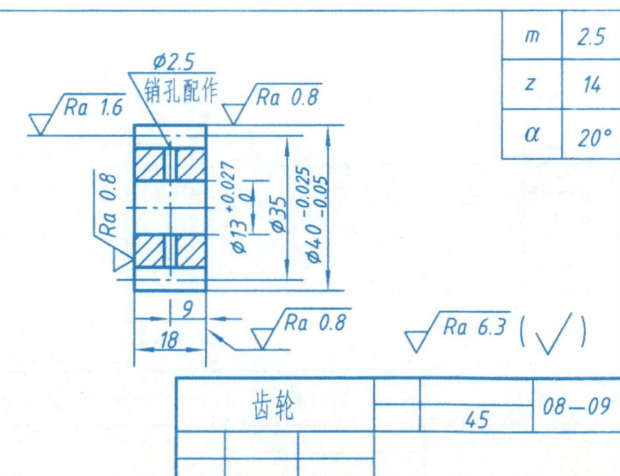

m	2.5
z	14
α	20°

齿轮		45	08—09

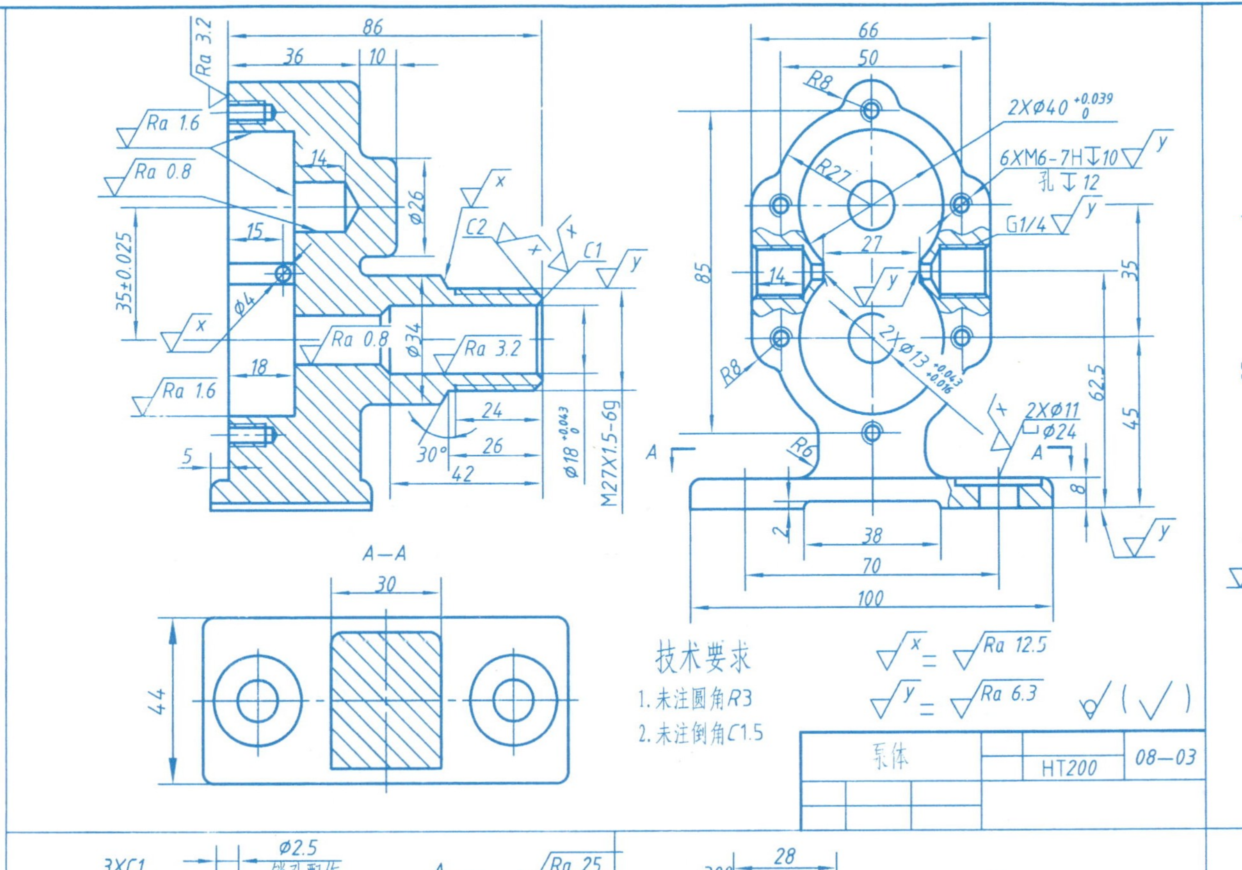

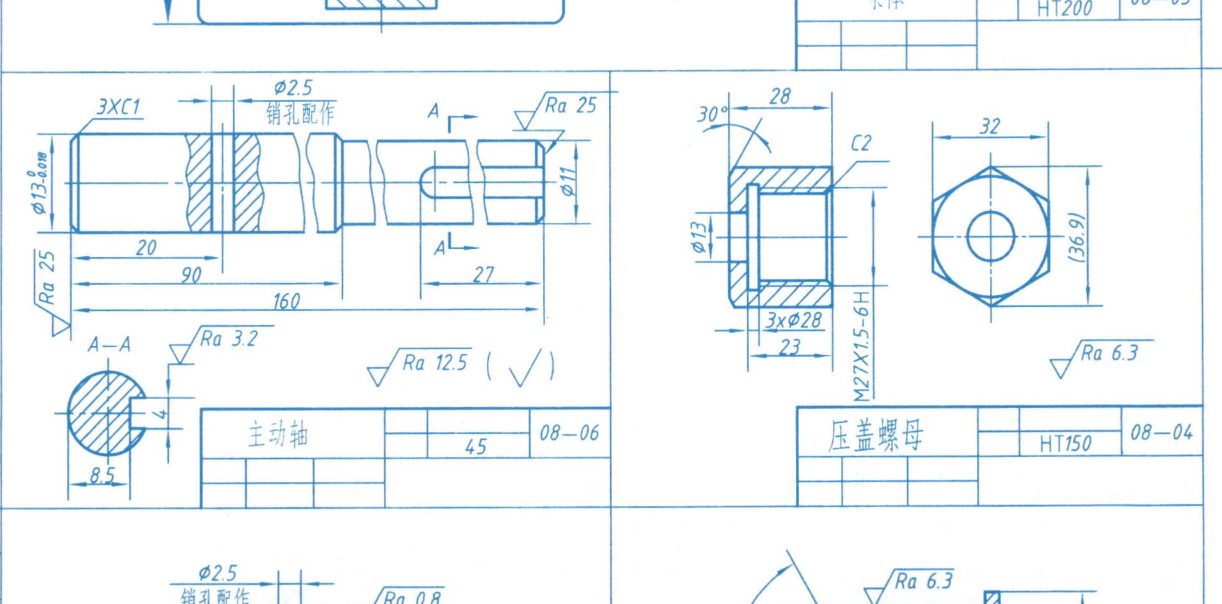

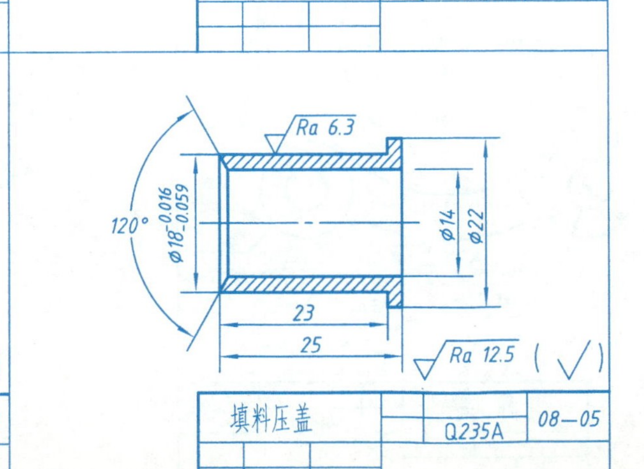

2XC1
Ø2.5
销孔配作
Ra 0.8
Ra 12.5 (√)

从动轴		45	08—08

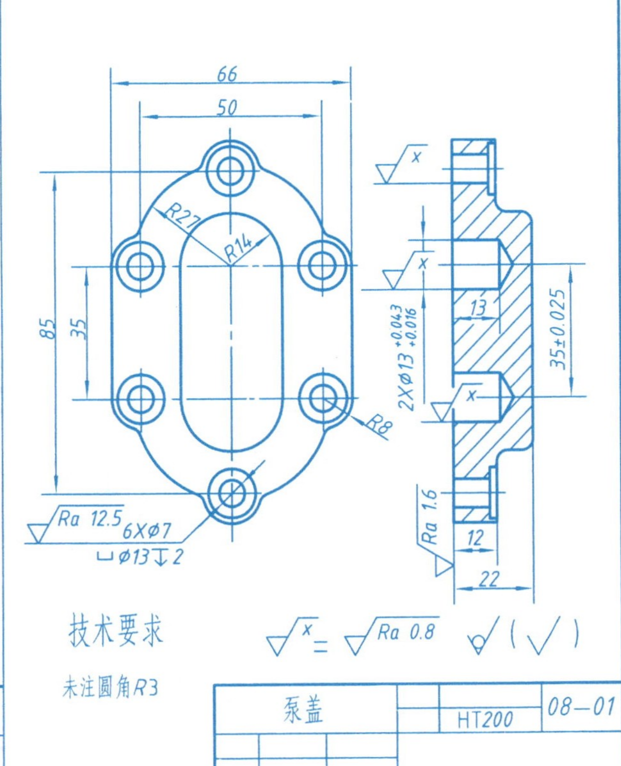

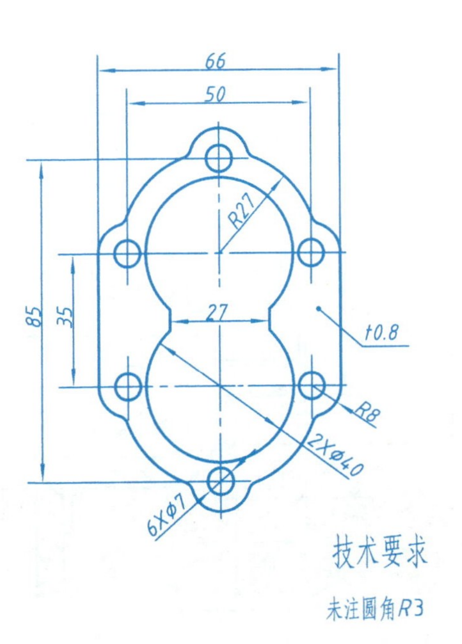

垫片		密纸垫	08—02

3. 根据安全阀的零件图绘制装配图。

要求:

(1) 看懂零件图，了解各零件的形状、结构及其作用。

(2) 对照示意图，了解各零件的相对位置及其装配关系。

(3) 了解安全阀的工作原理。

(4) 选择表达方案。将A2图纸横放，按2:1的比例画装配图。

安全阀工作原理简介:

安全阀是高压供油管路中控制油压并保证供油系统安全的装置。高压油从安全阀的进油口进入，由出油口排出。当系统出现阻塞或供油过量而压力增大时，高压油就会将阀门2推开，将过量的压力油经安全过量出油口排入油池。旋动阀杆8，可调节弹簧压力，以控制油路系统油压的大小。

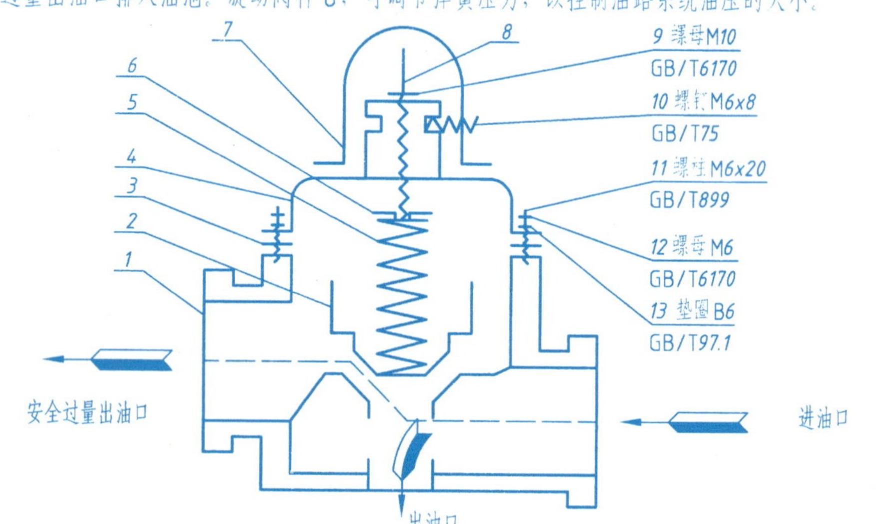

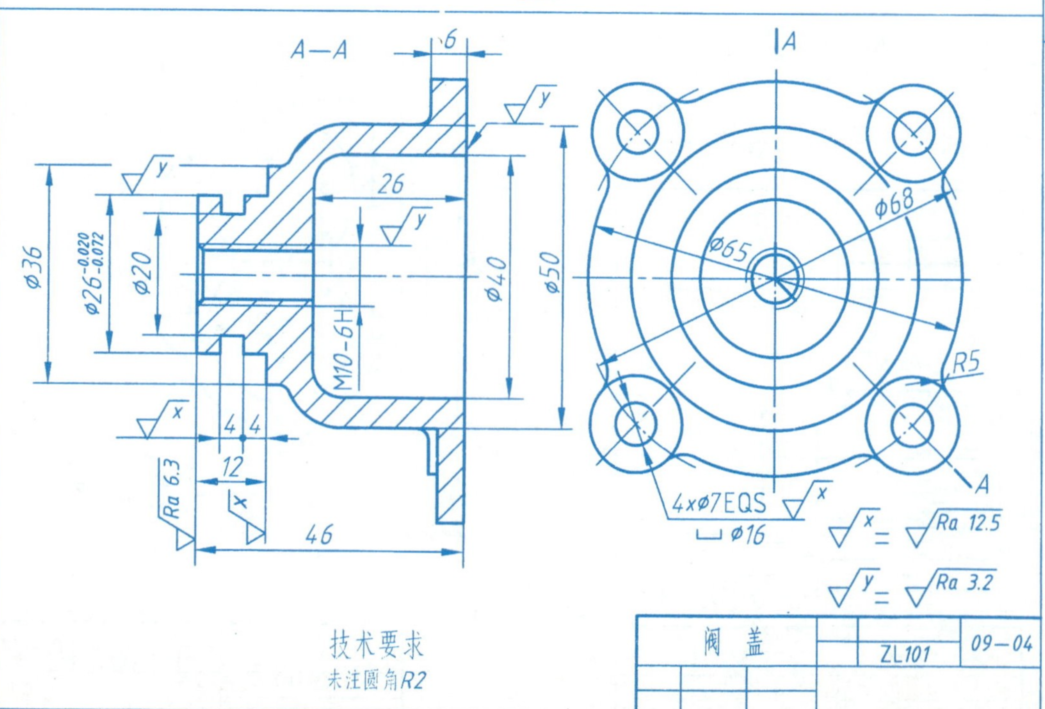

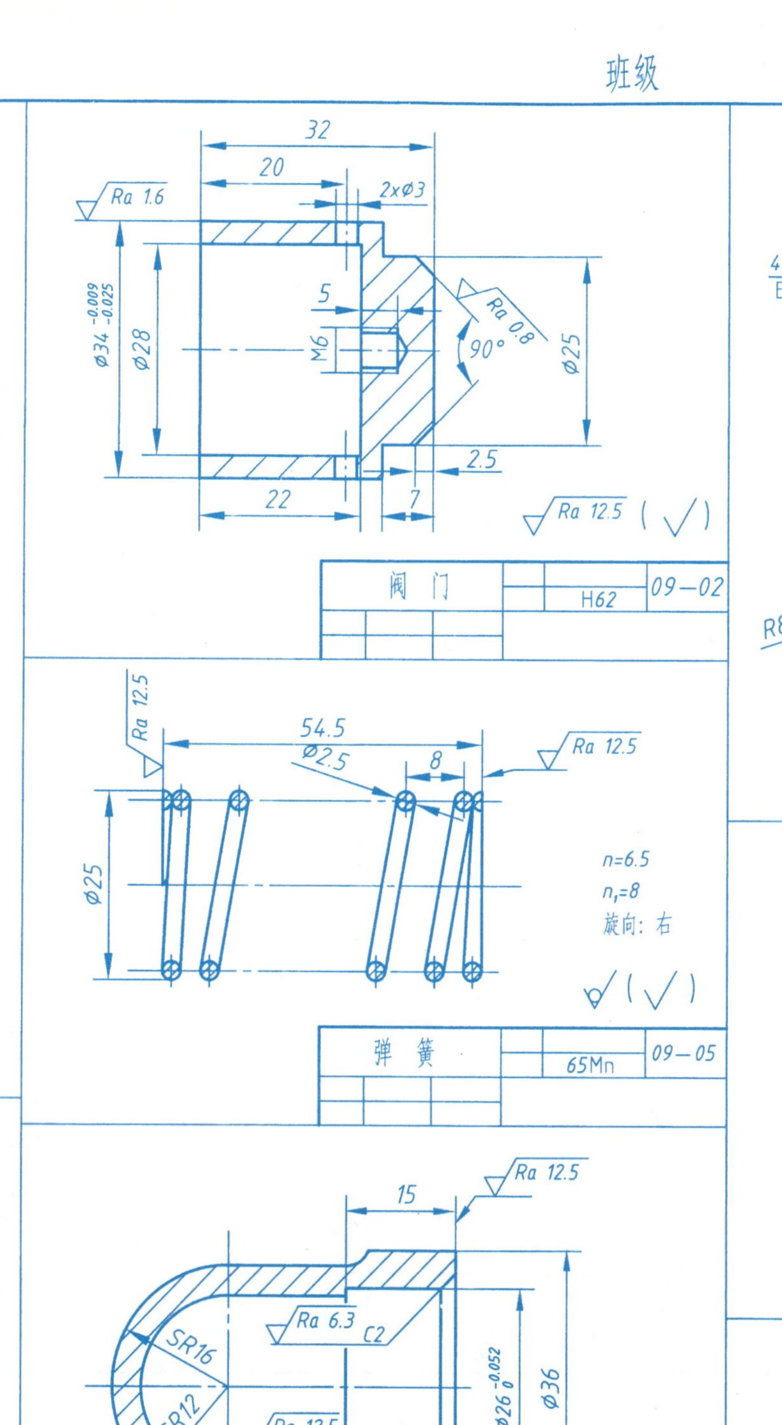

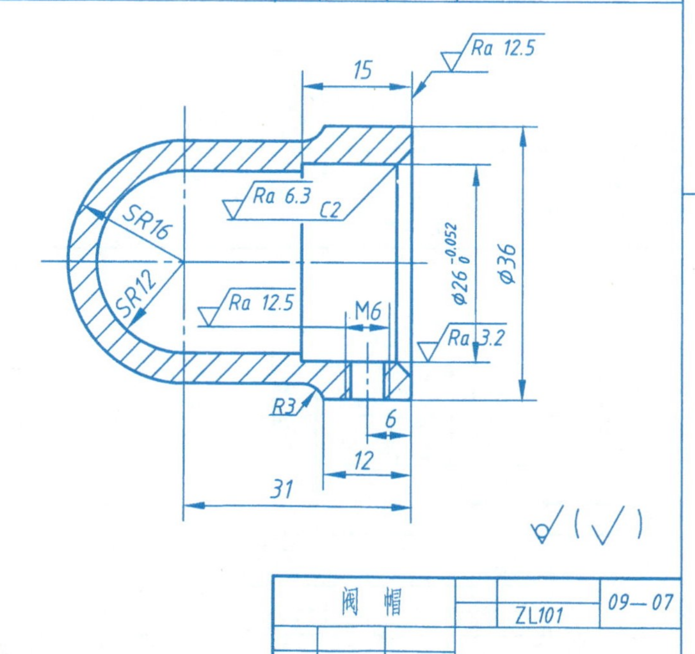

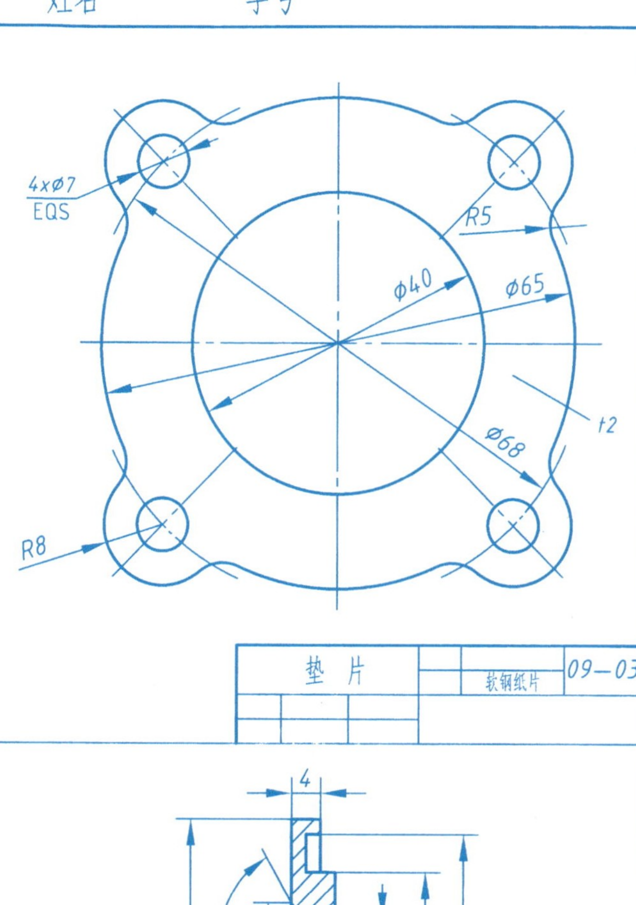

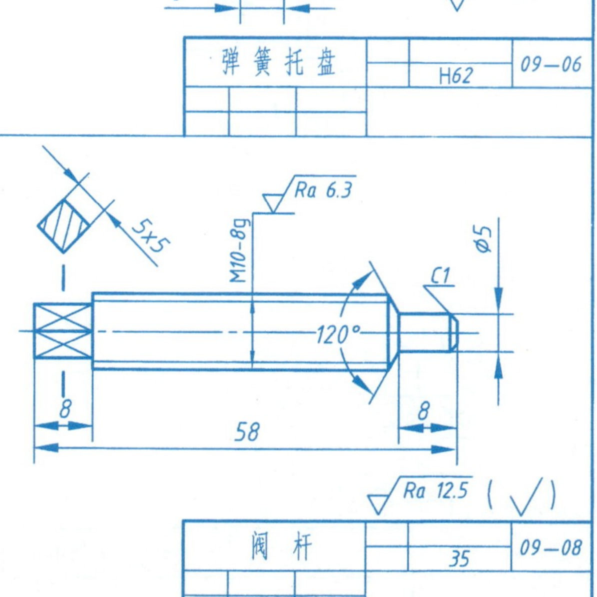

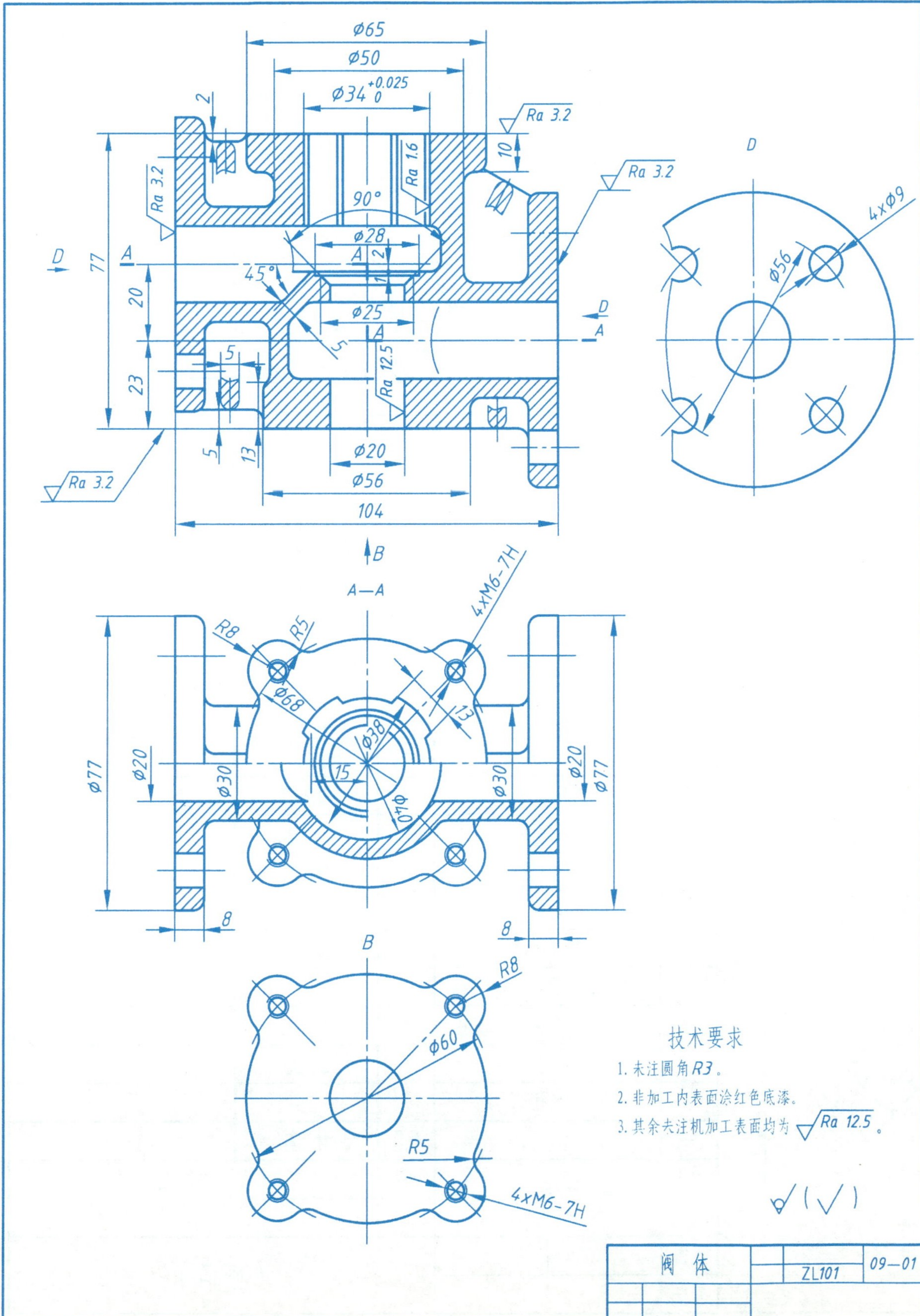

4. 读台虎钳装配图，并根据装配图拆画零件3钳座和零件6动掌的零件图。

台虎钳工作原理简介：

台虎钳是一种夹紧装置。转动丝杠1时，在镶嵌于动掌6上的丝杠螺母8的作用下，动掌在钳座3上沿丝杠轴线方向移动，以夹紧和松开零件。

读图思考题：

(1) 动掌6除可以左右运动外，还可以有其他的运动吗？为什么？

(2) 丝杠1的轴向运动是怎样被限制的？

(3) 在钳座和动掌上为什么还要镶上一个钳口4？钳口4上的网纹有什么作用？

(4) 配合尺寸16H8/f7中，H8是哪个零件的哪个部位的尺寸？为什么？

5. 读快速阀装配图，并根据装配图拆画零件1阀盖或零件10阀体的零件图。

快速阀工作原理简介：

快速阀是用于管道中快速开启和关闭管路的装置。当手柄14逆时针旋转时，由齿轮轴2带动齿条3向上运动，从而将内、外阀瓣7、5上提而打开管路。阀瓣的上升位置，由手柄的旋转角度限制。齿轮轴上有扇形凸块（见A—A），它与上封盖13的限位凹槽相吻合，使与齿轮轴相联接的手柄只能在150°范围内转动。

读图思考题：

(1) 齿条的下端是什么形状？

(2) 若更换阀瓣，应按什么顺序、拆去哪几个零件才能取出阀瓣？

(3) 底板9有什么用途？

(4) 上封盖13的形状是什么样的？它是怎样与阀盖联接起来的？

(5) 说出阀瓣升距的范围。

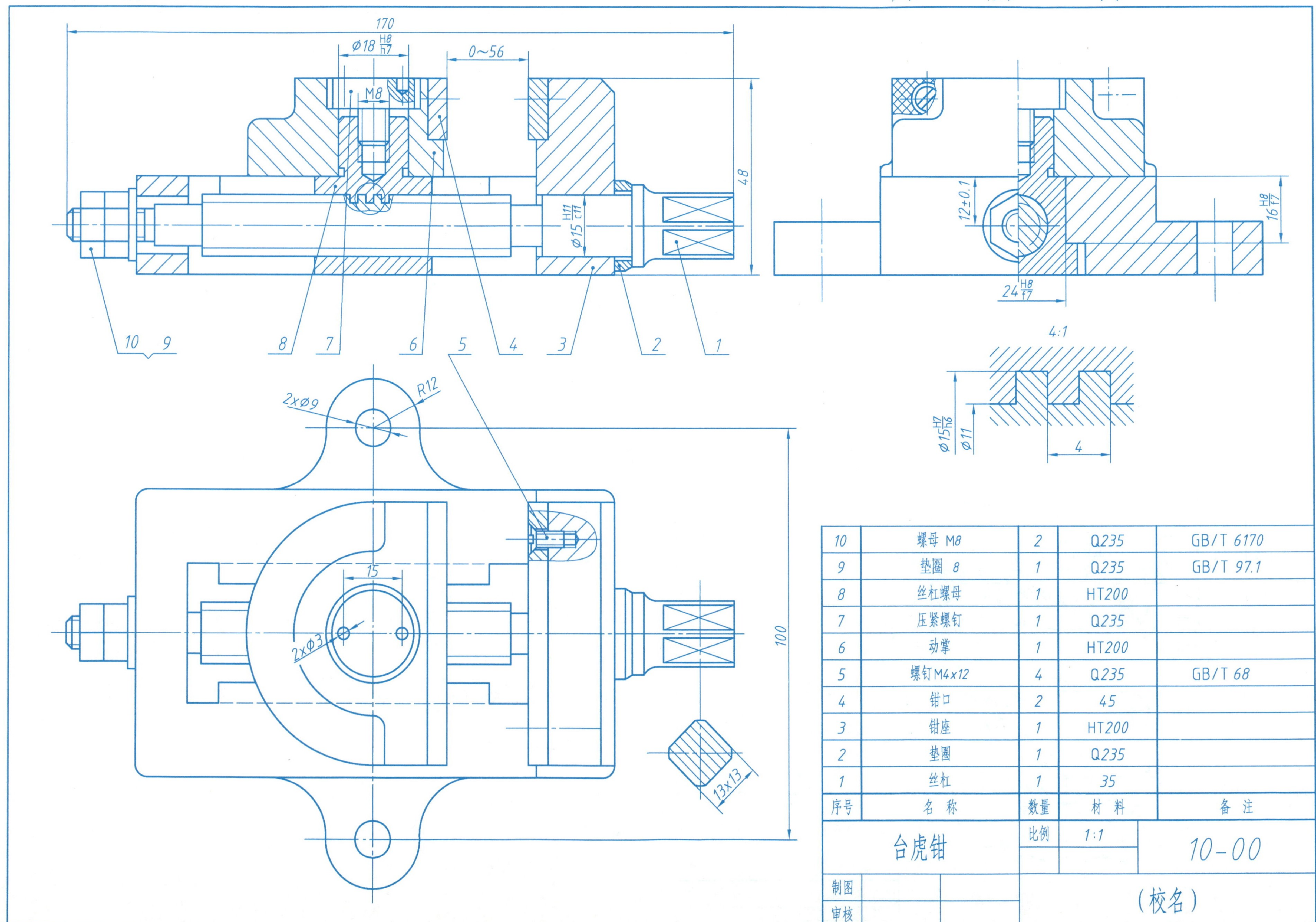

序号	名 称	数量	材 料	备 注
10	螺母 M8	2	Q235	GB/T 6170
9	垫圈 8	1	Q235	GB/T 97.1
8	丝杠螺母	1	HT200	
7	压紧螺钉	1	Q235	
6	动掌	1	HT200	
5	螺钉 M4x12	4	Q235	GB/T 68
4	钳口	2	45	
3	钳座	1	HT200	
2	垫圈	1	Q235	
1	丝杠	1	35	

台虎钳	比例	1:1	10-00
制图			（校名）
审核			

三十二、装配图(六)

班级　　　　姓名　　　　学号

序号	名称	数量	材料	备注
15	填料压盖	1	HT150	
14	手柄	1	HT150	
13	上封盖	1	HT150	
12	填料	1		
11	垫片	1		
10	阀体	1	HT200	
9	底板	1	HT150	
8	垫片	1		
7	内阀瓣	1	H62	
6	弹簧	1	65Mn	d=1,n=4,H0=25
5	外阀瓣	1	H62	
4	垫片	1		
3	齿条	1	45	m=2.5,z=9
2	齿轮轴	1	45	m=2.5,z=12
1	阀盖	1	HT200	

快速阀	比例	1:2	11-00
制图			(校名)
审核			

4x螺栓 M10X30 GB/T 5782

6x螺栓 M12X30 GB/T 5782

6x垫圈 12 GB/T 97.1

4x螺栓 M10X22 GB/T 5782

2x螺柱 M8X35 GB/T 899

2x螺母 M8 GB/T 6170

2x垫圈 8 GB/T 93

螺母 M12 GB/T 6170

垫圈 12 GB/T 97.1

A—A　B　C—C

班级　　　　姓名　　　　学号

1. 求作截头棱台表面展开图。

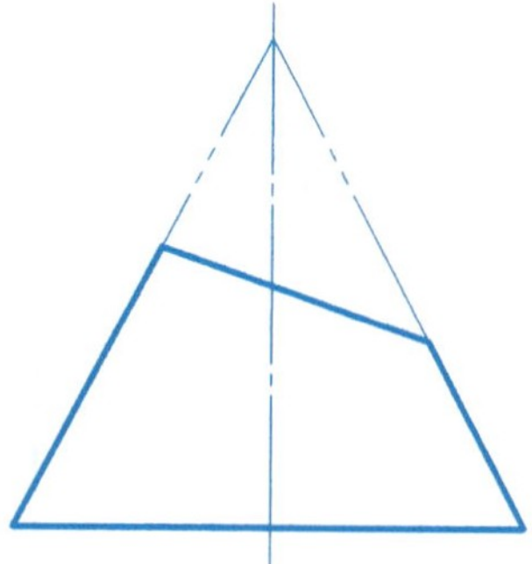

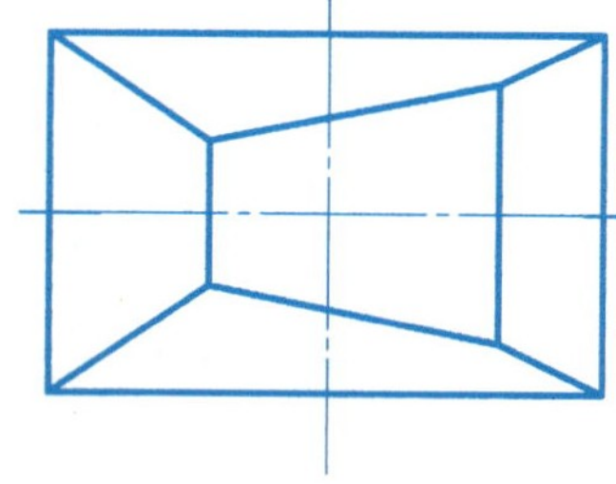

2. 求作直角弯管中半节的展开图。

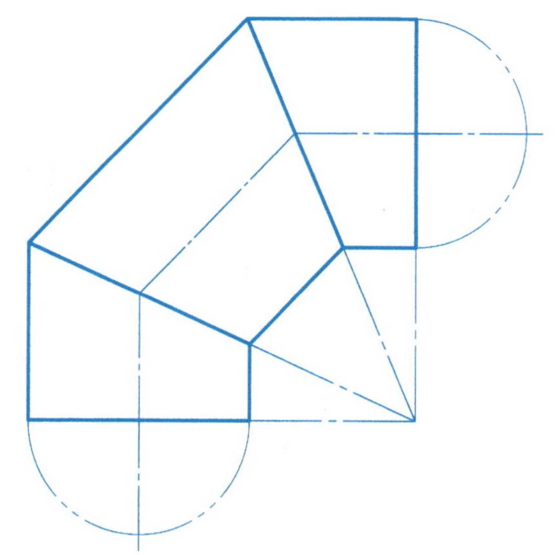

班级　　　　姓名　　　　学号

3.求作一等径三通管的展开图。

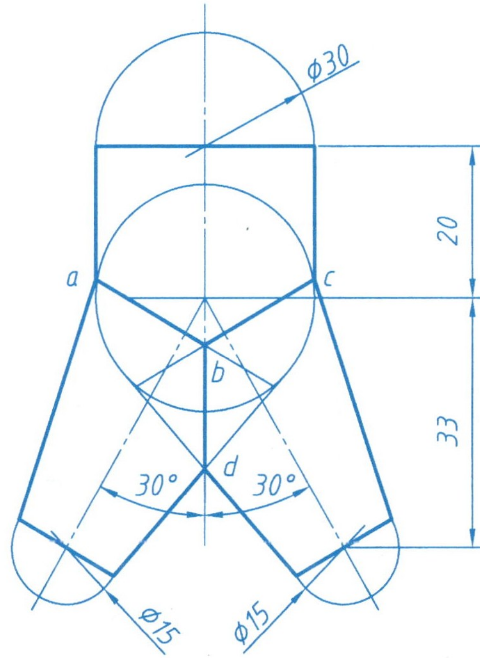

4.求作变形接头表面的展开图。

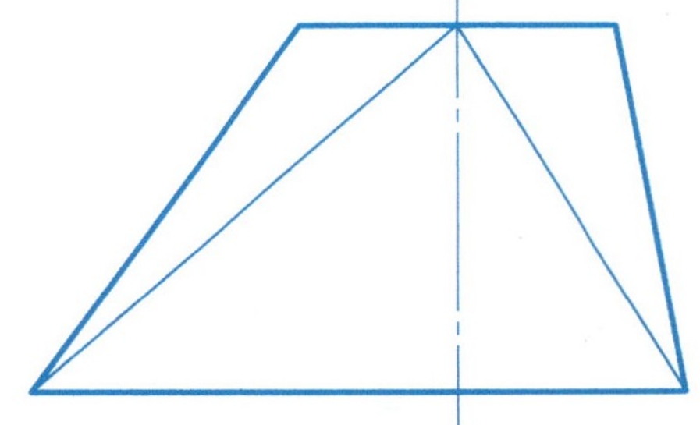

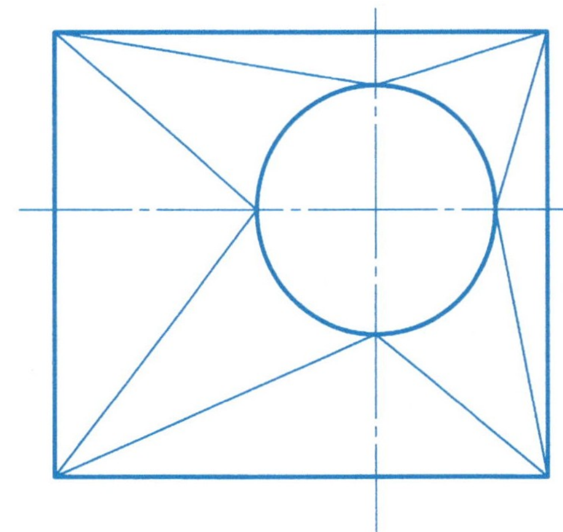

1. 标注焊缝符号。

(1)上图为双面V形焊缝；下图为单面带钝边单边V形焊缝（坡口朝上）。

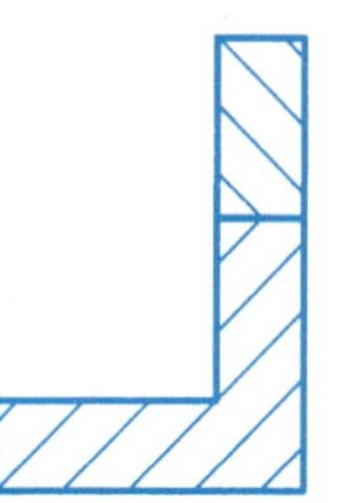

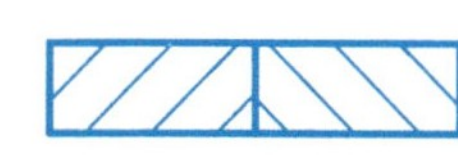

(2)单边角焊缝，焊角尺寸为5mm，在现场用手工电弧焊。

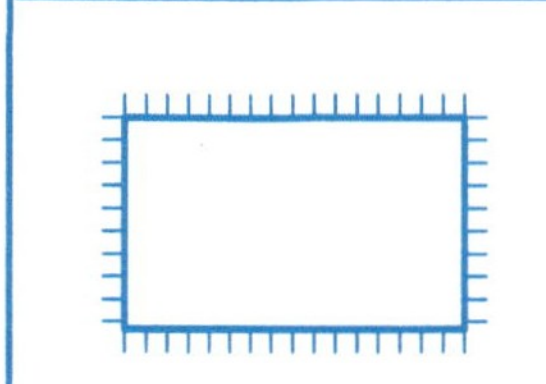

(3)圆管外侧周围与底板角焊，K=5mm。

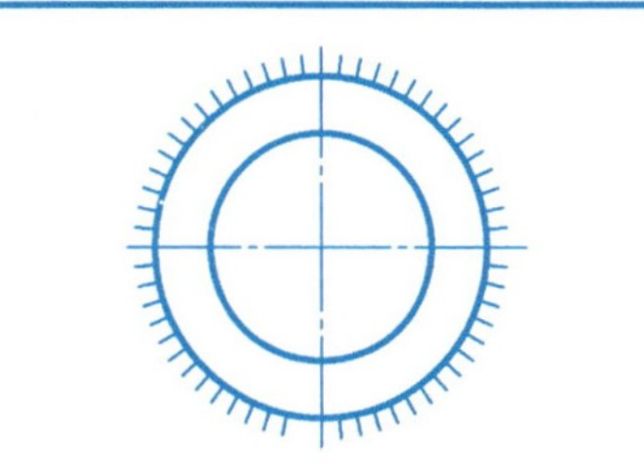

(4)角钢两外侧与底板角焊，K=3mm，用图示法表示焊缝，并标注焊缝符号。

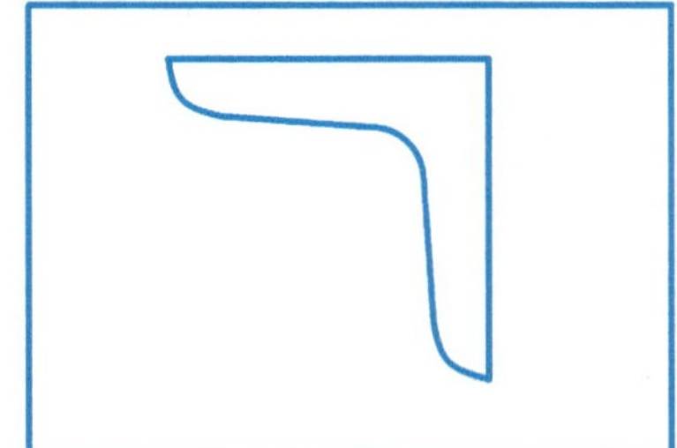

2. 焊缝的图示法。

(1)根据焊缝符号画出焊缝图形，并标注焊缝尺寸。

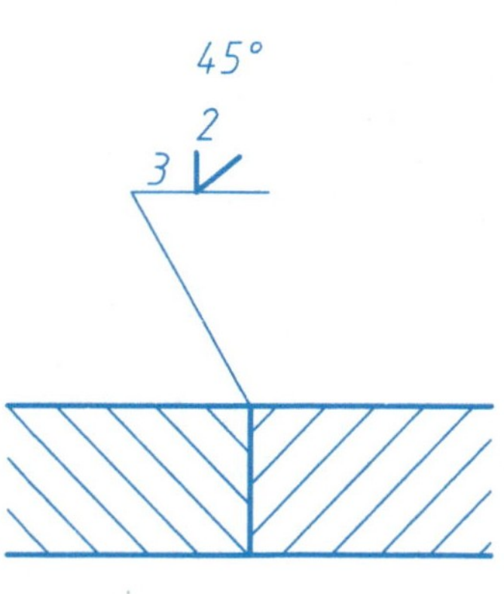

(2)根据焊缝符号画出焊缝图形，并标注焊缝尺寸。

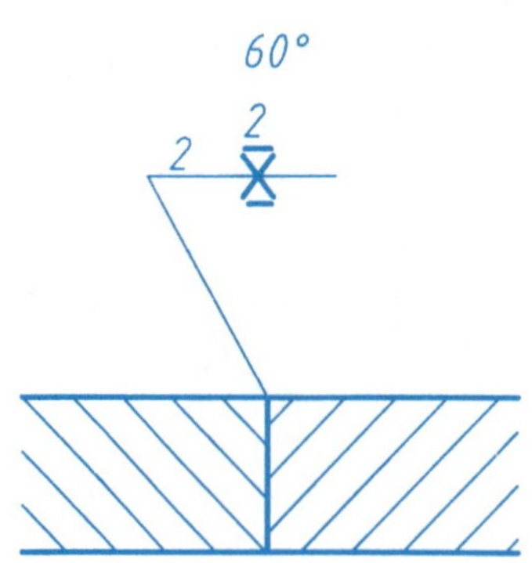

(3)将焊缝的符号表示法改为图示表示法。

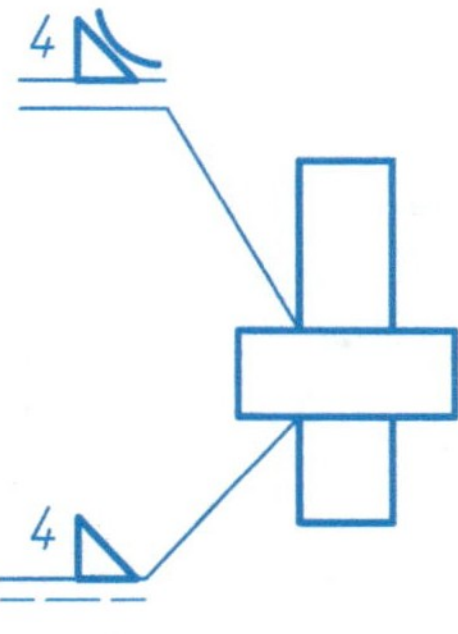

参考文献

[1] 苑彩云，孙少辰. 机械制图及计算机绘图习题集 [M]. 天津：天津科学技术出版社，1998.

[2] 邢邦圣. 机械工程制图习题集 [M]. 南京：东南大学出版社，2003.

[3] 刘魁敏. 机械制图习题集 [M]. 北京：机械工业出版社，2004.

[4] 佟国治. 现代工程设计图学习题集 [M]. 北京：机械工业出版社，2000.

[5] 焦永和. 机械制图习题集 [M]. 北京：北京理工大学出版社，2001.